智能制造在机械制造业中的应用

李恩义 著

重庆出版集团 重庆出版社

图书在版编目（CIP）数据

智能制造在机械制造业中的应用 / 李恩义著.
重庆：重庆出版社，2025. 2. -- ISBN 978-7-229
-19931-9
Ⅰ. TH166
中国国家版本馆CIP数据核字第2025QT2346号

智能制造在机械制造业中的应用
ZHINENG ZHIZAO ZAI JIXIE ZHIZAOYE ZHONG DE YINGYONG

李恩义　著

总　策　划：李　斌　郭　宜
责任编辑：李　欣
责任校对：何建云
装帧设计：沫凡图文

重庆出版集团
重庆出版社　出版

重庆出版社职教分社出品
重庆市南岸区南滨路 162 号 1 幢　邮政编码：400061　http://www.cqph.com
重庆市开源印务有限公司印制
重庆出版社有限责任公司至行传媒分公司发行
E-MAIL: cqphzjfs@163.com　联系电话：023-61520630
全国新华书店经销

开本：787 mm×1092 mm　1/16　印张：13.75　字数：236千
2025年2月第1版　2025年2月第1次印刷
ISBN 978-7-229-19931-9
定价：68.00元

如有印装质量问题，请向本社至行传媒分公司调换：023-61520629

版权所有　侵权必究

前言
QIANYAN

制造业是国民经济和国防建设的重要基础，是立国之本、兴国之器、强国之基。没有强大的制造业，就没有国民经济的可持续发展，更不可能支撑强大的国防事业。纵观历史，世界强国的发展之路，无不是以规模雄厚的制造业为支撑。先进制造业特别是其中的高端装备制造业已成为大国博弈的核心和参与国际竞争的利器。随着以物联网、大数据、云计算为代表的新一代信息通信技术的快速发展，以及与先进制造技术的融合创新发展，全球兴起了以智能制造为代表的新一轮产业变革，智能制造正促使我国制造业发生巨大变化。智能制造是由智能机器和人类专家共同组成的人机一体化智能系统，它在制造过程中能进行智能活动，诸如分析、推理、判断、构思和决策等。智能机器通过与人的合作共事，扩大、延伸和部分地取代人类专家在制造过程中的脑力劳动。智能制造把制造自动化的概念更新、扩展到柔性化、智能化和高度集成化，它是互联网时代的一场再工业化革命，是制造业发展的未来方向，也是推动我国经济发展的关键动力。

本书全面而深入地探讨了智能制造及其在机械制造业中的应用。书中首先界定了智能制造的概念，并介绍了其技术体系和信息技术基础，为理解智能制造提供了坚实的理论基础。随后，深入分析了智能制造系统的架构、调度控制机制以及供应链管理，展示了如何构建一个高效、协同的生产系统。接着，书中进一步介绍了云制造的定义及其模式，并结合企业集团私有云制造模式的实例，展示了其在实际应用中的优势。工业机器人部分，从基础概念、机构组成到行业应用，进行了详尽的阐释。最后，书中阐述了3D打印技术和数字孪生技术在机械制造业中的应用。全书旨在为读者提供智能制造领域的前沿视角和信息。

本书框架新颖，内容丰富，具有新颖性、时代性、理论性、实践性、操作性、示范性和可读性等特点，便于从事相关行业的读者们参考，具有一定的学术价值和使用价值。

  在本书撰写的过程中，我得到了很多宝贵的建议，谨在此表示感谢。同时参阅了大量的相关著作和文献，在参考文献中未能一一列出，在此向相关著作和文献的作者表示诚挚的感谢和敬意，同时也请对撰写工作中的不周之处予以谅解。

  本书在出版过程中得到了重庆出版社的大力支持，在此表示衷心感谢。由于作者水平及时间有限，书中难免有疏漏及不足之处，恳请各位专家、学者及同行不吝赐教。若有相关问题，请发邮件至 cqphzjfs@163.com，我们会及时核对并回复，以便再版时予以完善。

著　者

2024 年 12 月

目录 MULU

第一章　智能制造概述 ·· 001
　第一节　智能制造的概念 ·· 001
　第二节　智能制造的技术体系 ·· 009
　第三节　智能制造信息技术基础 ··· 011

第二章　智能制造系统 ·· 042
　第一节　智能制造系统体系架构 ··· 042
　第二节　智能制造系统调度控制 ··· 050
　第三节　智能制造系统供应链管理 ·· 059

第三章　云制造在机械制造业中的应用 ··· 067
　第一节　云制造定义 ··· 067
　第二节　云制造模式概述 ·· 068
　第三节　企业集团私有云制造模式行业运用 ·· 077

第四章　工业机器人在机械制造业中的应用 ·· 079
　第一节　工业机器人简述 ·· 079
　第二节　工业机器人机构 ·· 093
　第三节　工业机器人行业应用 ·· 103

第五章　3D打印技术在机械制造业中的应用 ··· 120
　第一节　3D打印技术的简介与分类 ··· 120
　第二节　3D打印技术与传统制造技术的结合 ··· 133
　第三节　3D打印技术在模具制造方面的应用 ··· 145

第六章 数字孪生在机械制造业中的应用 ································ 152
　　第一节　数字孪生制造 ····································· 152
　　第二节　基于数字孪生的制造过程规划 ························· 172
　　第三节　数字孪生系统的应用 ································ 191

参考文献 ·· 211

第一章
智能制造概述

第一节　智能制造的概念

智能制造是伴随信息技术的不断普及而逐步发展起来的。1988年，纽约大学的怀特（P. K. Wright）教授和卡内基梅隆大学的布恩（D. A. Bourne）教授出版的《智能制造》一书，首次提出了智能制造的概念：智能制造是一种由智能机器和人类专家共同组成的人机一体化智能系统，它在制造过程中能进行智能活动，诸如分析、推理、判断、构思和决策等。智能机器通过与人的合作共事，去扩大、延伸和部分地取代人类专家在制造过程中的脑力劳动。

工业和信息化部、财政部联合制定的《智能制造发展规划（2016—2020年）》给出了一个比较全面的描述性定义：智能制造是基于新一代信息通信技术与先进制造技术深度融合，贯穿于设计、生产、管理、服务等制造活动的各个环节，具有自感知、自学习、自决策、自执行、自适应等功能的新型生产方式。中国工程院周济院士在《新一代智能制造》一文中，详细介绍了智能制造的三个基本范式，并指出新一代的智能制造核心特征是具备认知与学习功能的人工智能技术的广泛应用。推动智能制造，能够有效缩短产品研制周期、提高生产效率和产品质量，降低运营成本和资源能源消耗，促进基于互联网的众创、众包、众筹等新业态、新模式的孕育发展。智能制造具有以智能工厂为载体、以关键制造环节智能化为核心、以端到端数据流为基础、以网络互联为支撑等特征，这实际上指出了智能制造的核心技术、管理要求、主要功能和经济目标。

一、智能制造的意义

智能制造正在世界范围内兴起，它是制造技术发展，特别是制造信息技术发展的必然，是信息化、自动化和人工智能向纵深发展的结果。智能制造能实现各种制造过程自动化、智能化、精益化、绿色化，并带动装备制造业整体技术水平的提升。

智能制造将给人类社会带来革命性变化。智能机器将替代人类完成大量体力劳动和相当部分的脑力劳动，人类可以更多地从事创造性工作，人类工作生活环境和方式将朝着以人为本的方向迈进。同时，智能制造将有效减少资源与能源的消耗和浪费，持续引领制造业绿色发展、和谐发展。

智能制造代表着信息化与工业化、信息技术与制造技术的深度融合，将给制造业带来以下4个方面的变化。

（一）产品创新：生产装备和产品的数字化、智能化

将数字技术和智能技术融入制造所必需的装备及产品中，使装备和产品的功能得到极大改进。

1. 智能制造装备和系统的创新

数字化智能技术一方面使数字化制造装备（如数控机床、工业机器人）得到快速发展，大幅度提升生产系统的功能、性能与自动化程度；另一方面，这些技术的集成进一步形成柔性制造单元、数字化车间乃至数字化工厂，使生产系统的柔性自动化程度不断提高，并向具有信息感知、优化决策、执行控制等功能特征的智能化生产系统方向发展。

2. 具有智能的产品不断诞生

例如，典型的颠覆性变化产品之一数码相机，采用电荷耦合器件（Charge-Coupled Device，CCD）代替了原始胶片感光，实现了照片的数字化获取，同时采用智能技术实现人脸的识别，并自动选择感光与调焦参数，保证普通摄影者获得逼真而清晰的照片。这一创新产品的出现，颠覆了传统的摄影器材产业。

3. 改变了为用户服务的方式

例如，在传统的飞机发动机、高速压缩机等旋转机械中植入小型传感器，可将设备运行状态的信息，通过互联网远程传送到制造商的客户服务中心，实现对设备进行破坏性损伤的预警、寿命的预测、最佳工作状态的监控。这不仅使设备智能化，而且改变了产业的形态，使制造商不仅为用户提供智能化的设备，而且可以为用户提供全生命周期的服务，其服务收入常常超过设备收入，从而推动制造商向服务商转型。

（二）制造过程创新：制造过程的智能化

1. 设计过程创新

采用面向产品生命周期、具有丰富设计知识库和模拟仿真技术支持的数字化智能化设计系统，在虚拟现实、计算机网络、数据库等技术支持下，可以在虚拟的数字环境里并行、协同实现产品的全数字化设计，结构、性能、功能的模拟仿真与优化，极大地提高了产品的无图纸化设计、制造和虚拟装配。

2. 制造工艺创新

数字化、智能化技术不仅将催生加工原理的重大创新，同时，工艺数据的积累、加工过程的仿真与优化、数字化控制、状态信息实时检测与自适应控制等数字化、智能化技术的全面应用，将使制造工艺得到优化，极大地提高制造的精度和效率，大幅度提升制造工艺水平。

（三）管理创新：管理信息化

管理的信息化将使企业组织结构、运行方式发生明显变化。

1. 扁平化

一个由人、计算机和网络组成的信息系统，可使传统的金字塔式多层组织结构变成扁平化的组织结构，大大提高管理效率。

2. 开放性

制造商、生产型服务商和用户在一个平台上，生成一个无边界、开放式协同创新平台，代替传统的内生、封闭、单打独斗式组织结构。

3. 柔性

企业可按照用户的需求，通过互联网无缝集成社会资源，重组成一个无围墙的、高效运作的、柔性的企业，以便快速响应市场。

（四）制造模式和产业形态发生颠覆性变革

以数字技术、智能技术为基础，在互联网、物联网、云计算、大数据的支持下，制造模式、商业模式、产业形态发生重大变化。

1. 个性化的批量定制生产将成为一种趋势

通过互联网，制造商与客户、市场的联系更为密切，用户可以通过创新设计平台将自己的个性化需求及时传送给制造商，或直接参与产品的设计，而柔性的制造系统可以高效、经济地满足用户的诉求，一种新的个性化批量定制生产模式将成为趋势。

2. 进入全球化制造阶段

制造资源的优化配置已经突破了企业、社会、国家的界限，正在全球范围内寻求优化配置，物资、资金、信息在全球经济一体化及信息网络的支持下突破国界流动，世界已进入全球制造时代。

3. 制造业的产业链优化重构，企业专注于核心竞争力的提高

无处不在的信息网络和便捷的物流系统，使得研发、设计、生产、销售和服务活动没有必要限止在一个企业，甚至在一个国家内独立完成，而是可以分解、外包、众包到社会和全球，一个企业只需专注于自己核心业务能力的提高。

4. 服务型制造将渐成主流业态

当前，制造业发展的主动权已由生产者向消费者转移，"客户是上帝"的经营理念已成为制造商的普遍共识。经济活动已由制造为中心日渐转变为创新与服务为中心，产品经济正在向服务经济过渡，制造业也正在由生产型制造向服务型制造转变。传统工业化社会的制造服务业是以商业和运输形态为主，而在泛在信息环境下的制造服务业是以技术、知识和公共服务为主，是以信息服务为主。融入了信息技术、智能技术的创新设计和服务是服务型制造的核心。

5. 电子商务的应用日益广泛

通过信息技术，特别是网络技术，把处于盟主地位的制造企业与相关的配套企业及用户的采购、生产、销售、财务等业务在电子商务平台上进行整合，不仅有助于增进商务活动的直接化和透明化，而且提高了效率、减少了交易成本。可以预期，电子商务将会无所不在，越来越多地代替传统的、店铺式的销售方式和商务合作方式。

综上所述，智能制造将使制造业的产品形态、设计和制造过程、管理方法和组织结构、制造模式、商务模式发生重大甚至革命性变革，并带动人类生活方式的重大变革。

二、智能制造的目标

智能制造概念刚提出时，其预期目标是比较狭窄的，即"使智能机器在没有人工干预的情况下进行小批量生产"。随着智能制造内涵的扩大，智能制造的目标已变得非常宏大。比如，"工业4.0"指出了8个方面的建设目标，即满足用户个性化需求、提高生产的灵活性、实现决策优化、提高生产率和资源利用率、通过新的服务创造价值机会、应对工作场所人口变化、实现工作和生活的平衡。"新型工业化"指出，实施智能制造可给制造业带来"两提升、三降低"。"两提升"是指生产效率大幅提升，资源综合利用率大幅提升；"三降低"是指研制周期的大幅度缩短，运营成本的大幅度下降，产品不良率大幅度下降。

下面，结合不同行业的产品特点和需求，对智能制造的目标进行归纳阐述。

（一）满足客户的个性化定制需求

在家电、3C等行业，产品的个性化来源于客户多样化与动态变化的定制需求，企业必须具备提供个性化产品的能力，才能在激烈的市场竞争中生存下来。智能制造技术可以从多方面为个性化产品的快速推出提供支持，例如，通过智能设计手段缩短产品的研制周期，通过智能制造装备（如智能柔性生产线、机器人、3D 打印设备等）提高生产的柔性，从而适应单件小批量生产模式等。这样，企业在一次性生产且产量很低（批量为 1）的情况下也能获利。以海尔公司为例，2015 年 3 月，首台用户定制空调成功下线，这离不开背后智能工厂的支持。

（二）实现复杂零件的高品质制造

在航空、航天、船舶、汽车等行业，存在许多结构复杂、加工质量要求非常高的零件。以航空发动机的机匣为例，它是典型的薄壳环形复杂零件，最大直径可达 3 m，其外表面分布有安装发动机附件的凸台、加强筋、减重型槽及花边等复杂结构，壁厚变化强烈。用传统方法加工时，加工变形难以控制，质量一致性难以保证，变形量的超差将导致发动机在服役时发生振动，严重时甚至会造成灾难事故。对于这类复杂零件，采用智能制造技术，在线监测加工过程中力—热—变形场的分布特点，实时掌握加工中工况的变化规律，并针对工况变化即时决策，使制造装备自行运行，可以显著地提升零件的制造质量。

（三）在保证高效率的同时实现可持续制造

可持续制造是可持续发展对制造业的必然要求。从环境方面考虑，可持续制造首先考虑的因素是能源和原材料消耗。这是因为制造业能耗占全球能源消耗的 33%，二氧化碳排放量占 38%。过去许多制造企业通常优先考虑效率、成本和质量，对降低能耗认识不够。然而实际情况是，不仅在化工、钢铁、锻造等流程行业，即使在汽车、电力装备等离散制造行业中，对节能降耗都有迫切的需求。以离散加工行业为例，我国机床保有量世界第一，约有 800 多万台。若每台机床额定功率平均按 5～10 kW 计算，我国机床装备总的额定功率为 4000 万～8000 万 kW，相当于三峡水电站总装机容量（2250 万 kW）的 1.8～3.6 倍。智能制造技术能够有力地支持高效可持续制造。首先，通过能耗和效率的综合智能优化，获得最佳的生产方案并进行能源的综合调度，提高能源的利用率；然后，通过生产组织生态的一些改变，如改变生产的地域和组织方式，与电网开展深度合作等，可以进一步从大系统层面实现节能降耗。

（四）提升产品价值，拓展价值链

产品价值体现在"研发—制造—服务"的产品全生命周期的每一个环节，根据"微笑曲线"理论，从事制造过程的利润空间通常比较低，而从事研发与服务过程的利润往往比较高，智能制造技术有助于企业拓展价值空间。其一，通过产品智能化升级和产品智能设计技术，实现产品创新，提升产品价值；其二，通过产品个性化定制，产品使用过程的在线实时监测、远程故障诊断等智能服务手段，创造产品新价值，拓展价值链。

三、智能制造的发展动向

智能制造目前已经成为新型工业应用的标杆性概念，国外先行的发达工业化国家已经积累了大量发展经验。目前来看智能制造有以下几个方面的发展动向值得关注。

（一）信息网络技术加强智能制造的深度

信息网络技术对传统制造业带来颠覆性、革命性的影响，直接推动了智能制造的发展。信息网络技术能够实现实时感知、采集、监控生产过程产生的大量数据，促进生产过程的无缝衔接和企业间的协同制造，实现生产系统的智能分析和决策优化，使智能制造、网络制造、柔性制造成为生产方式变革的方向。从某种程度上讲，制造业互联网化正成为一种大趋势。例如德国提出的"工业4.0"，其核心是智能生产技术和智能生产模式，旨在通过物联网将产品、机器、资源和人有机联系在一起，推动各环节数据共享，实现产品全生命周期和全制造流程的数字化。

（二）网络化生产方式提升智能制造的宽度

网络化生产方式首先体现在全球制造资源的智能化配置上，生产的本地性概念不断被弱化，由集中生产向网络化异地协同生产转变。信息网络技术使不同环节的企业间实现信息共享，能够在全球范围内迅速发现和动态调整合作对象，整合企业间的优势资源，在研发、制造、物流等各产业链环节实现全球分散化生产。其次，大规模定制生产模式的兴起也催生了如众包设计、个性化定制等新模式，这就从需求端推动了生产型企业采用网络信息技术集成度更高的智能制造方式。

（三）基础性标准化再造推动智能制造的系统化

智能制造的基础性标准化体系对于智能制造而言起到根基的作用。标准化流程再造使得工业智能制造的大规模应用推广得以实现，特别是关键智能部件、装备和系统的规格统一，产品、生产过程、管理、服务等流程统一，将大大促进智能制造总体水平。智能制造标准化体系的建立也表明本轮智能制造是从本质上对传统制造方式的重新架构与升级。中国制造在核心技术、产品附加值、产品质量、生产效率、能源资源利用和环境保护等方面，与发达国家先进水平尚有较大差距，必须紧紧抓住新一轮产业变革机遇，采用积极有效措施，打造新的竞争优势，加快制造业转型升级。

（四）物联网等新理念系统性改造智能制造的全局面貌

随着工业物联网、工业云等一大批新的生产理念产生，智能制造呈现出系统性推进的整体特征。物联网作为信息网络技术的高度集成和综合运用技术，近年来取得了一批创新成果，在交通、物流等领域的应用示范扎实推进。特别是物联网技术带来的"机器换人"、物联网工厂，推动着"绿色、安全"的制造方式对传统的"污染、危险"制造方式的颠覆性替代。物联网制造是现代方式的制造，将逐步颠覆人工制造、半机械化制造与全机械化制造等现有的制造方式。

（五）多学科技术交叉融合，智能集成制造技术发展迅速

进入 21 世纪以后，制造学科与生物学科、信息学科、材料学科和管理学科的交叉融合是发展趋势。其中，制造技术与生物学科交叉的生物制造、与信息学科交叉的远程制造、与材料学科交叉的微机电系统等为制造技术提供了更为广阔的发展空间。制造技术与生物学科的结合已成功应用于人体器官的再制造。

软件、控制、传感器、网络以及其他信息技术的交叉融合，使得智能集成制造技术发展迅速，创新产品与过程的快速、成本可预测的开发，可以通过简单地采用或改装生产能力高、安全可靠的生产机械与系统，来响应不断变化的环境以及新机会，优化、敏捷及适应性强的企业与供应链。

（六）多种智能技术发展与应用前景广阔

嵌入式系统软件、人机合作及友好交互技术、机器人自主行为、极端环境自适应技术等发展迅猛，应用前景十分广阔。这些智能技术成为众多制造业产品（包括工业机器人、服务机器人、汽车、飞机、公路外设备、电器产品以及武器系统等）创新的关键驱动力，为制造业产品增加了功能性，同时这些智能技术还是一种监控与诊断产品健康状况的手段。对于众多制造公司而言，这些智能技术的应用都是一种转变。这些制造公司是产品的开发者与集成者，主要依赖复杂软件系统为产品提供相应性能。人类需要基础设施工具与测试方法促成嵌入式软件的进步，尤其在规格确定、验证以及认证等方面。

第二节　智能制造的技术体系

智能制造的技术体系是一个涵盖了广泛技术与创新应用的综合性框架，它旨在通过高度集成的信息技术、自动化技术及先进制造技术的深度融合，实现生产过程的高效化、智能化与可持续发展。这一技术体系不仅深刻改变了传统制造业的面貌，还推动了全球工业结构的优化升级，成为推动经济高质量发展的关键力量。

智能制造的技术体系首先以信息技术为核心，充分利用物联网（IoT）、大数据、云计算、人工智能（AI）等前沿技术，构建了一个高度互联、数据驱动、智能决策的生产环境。物联网技术通过传感器、RFID标签等设备，实现了生产现场各类设备、物料乃至人员的全面互联，为实时数据采集与分析提供了基础。大数据技术则对这些海量数据进行挖掘、处理与分析，揭示生产过程中的隐藏规律，为优化决策提供科学依据。云计算平台作为数据存储与计算的强大支撑，确保了数据处理的高效性与安全性，使得制造企业能够灵活调用资源，快速响应市场变化。而人工智能技术的应用，更是将智能制造推向了新的高度，通过机器学习、深度学习等算法，系统能够自我学习、不断优化，实现生产过程的智能调度、故障预测与诊断，以及产品质量的智能检测与控制，显著提升了生产效率和产品质量。

在自动化技术方面，智能制造技术体系整合了工业机器人、数控机床、自动化流水线等硬件设备，以及PLC（可编程逻辑控制器）、SCADA（监控与数据采集系统）等软件系统，实现了从原材料投入到成品产出的全链条自动化作业。特别是随着机器视觉、力觉等传感器技术的发展，自动化设备能够更加精准地完成复杂作业，如精密装配、质量检测等，减少了人工干预，提高了生产精度与安全性。此外，通过引入MES（制造执行系统）、ERP（企业资源计划）等管理软件，企业实现了生产计划、库存管理、物流配送等环节的信息化与自动化，促进了生产流程的无缝衔接与整体优化。

先进制造技术作为智能制造技术体系的重要组成部分，涵盖了增材制造（3D打印）、精密加工、绿色制造等多个领域。增材制造技术通过逐层累加材料的方式，能够快速制造出复杂结构的零部件，缩短了产品开发周期，降低了制造成本。精密加工技术则不断提升加工精度与表面质量，满足了航空航天、医疗器械等高端制造业对零部件的严苛要求。绿色制造技术则强调在生产过程中减少能耗、排放与废弃物，通过循环利用、节能降耗等手段，实现制造业的绿色转型与可持续发展。

智能制造的技术体系是一个多维度、多层次的综合体系，它融合了信息技术、自动化技术与先进制造技术，通过数据驱动、智能决策与高度自动化，推动了制造业向更高效、更智能、更绿色的方向发展。随着技术的不断进步与应用的持续深化，智能制造将成为未来制造业发展的主流趋势，为全球经济的转型升级与可持续发展注入强大动力。

第三节　智能制造信息技术基础

新一轮工业革命的本质是未来全球新工业革命的标准之争，各个国家都在构建自己的智能制造体系，而其背后是技术体系、标准体系、产业体系。未来智能制造领域最值得关注的核心技术，即人工智能、工业物联网、工业大数据、区块链、数字技术等。

一、人工智能

（一）什么是人工智能

人工智能（Artificial Intelligence），简称为AI，它是计算机科学的一个重要的研究领域。近二十几年以来获得了迅速的发展，在很多领域都获得了广泛的应用。从广义上来讲，一般认为用计算机模拟人的智能行为就属于人工智能的范畴。从狭义上讲，人工智能方法是指人工智能研究的一些核心内容，包括搜索技术、推理技术、知识表示、机器学习与人工智能语言等方面。

对人工智能研究的不同途径来源于对人类智能的本质的不同认识，并由此产生出两大学派：符号主义（Symbolism）与连接主义（Connectionism）。

实际上，人类的思维过程是非常复杂的，上面的两种观念哪一种也不能作出完全的解释。有人提出，人类的思维是分层次的。高层次的思维是抽象思维，适用于规划、决策、设计等方面；低层次的思维是形象思维，适用于识别、视觉等方面。符号主义和连接主义两种研究的途径反映了人类思维的两个层次，彼此不能互相代替，而应当互相结合。

（二）人工智能的核心能力体现

人工智能的目标是能够胜任一些通常需要人类智能才能完成的复杂工

作,帮助人类以更高效的方式进行思考与决策,其核心能力体现在以下三个层面。

1. 计算智能

机器可以具备超强的记忆力和超快的计算能力,从海量数据中进行深度学习与积累,从过去的经验中获得领悟,并用于当前环境。例如,AlphaGo利用增强学习技术,借助价值网络与策略网络这两种深度神经网络,完胜围棋世界冠军。

2. 感知智能

感知智能使机器具备视觉、听觉、触觉等感知能力,将前端非结构化数据进行结构化处理,并以人类的沟通方式与用户进行互动。例如,谷歌的无人驾驶汽车通过各种传感器对周围环境进行处理,从而有效地对障碍物、汽车或骑行者做出迅速避让。

3. 认知智能

认知智能使系统或机器像人类大脑一样"能理解,会思考",通过生成假设技术,实现以多种方式推理和预测结果。

不过,对人工智能的现有能力不宜过分夸大,人工智能也不能被视为对人脑的"模拟",因为人脑的工作机制至今还是个黑箱,无法模拟。AlphaGo战胜围棋世界冠军,源自机器庞大而高速的计算能力,通过统计抽样模拟棋手每一着下法的可能性,从而找到制胜的招数,并不是真的学会了模拟人类大脑来思考。尽管人在计算能力方面被人工智能远远抛在后面,但当前的人工智能系统仍然远不具有人拥有的看似一般的智能。人类级别的人工智能,即"强人工智能"或"通用人工智能"目前更不存在。据调查,强人工智能在2040年至2050年间研发出来的可能性也仅有50%,预计在实现强人工智能大约30年后,才有望实现所谓的"超级智能"。这就是为什么即使人类制造出了具有超算能力的机器,这些机器仍然能力有限。这些机器可以在下棋时打败我们,但却不知道在淋雨时躲进屋子里。在发展60多年后,人工智能虽然可以在某些方面超越人类,但想让机器真正通过图灵测试,具备真正意义上的人类智能,这个目标看上去仍然还有相当长的一段路要走。

（三）人工智能的应用领域

随着制造业的"主力"从人类转变为人工智能，更多的简单机械作业将逐步从人类的手中转交给人工智能来完成。人类将会花更多的精力去探索，创造更多的幸福。

尽管科学家们说，目前人工智能还处在初级阶段。但是人工智能的快速发展，给我们带来影响和冲击的同时，也带来了很多前所未有的商机。

1. 智能语音技术快速发展

随着人工智能的发展，语音技术公司迎来了良好的发展机遇。智能语音技术的应用，成为人工智能创业团队打开市场的首要选择，几乎每个月，都会有多款语音交互机器人相继推出。

除了硬件方面的机会，语音服务平台也迅速发展起来。键盘作为输入系统的时代即将过去，人类和机器进行交互将直接用自然语言。智能语音应用最集中的领域，应该算是智能家居和车载用品，这个领域也将成为人工智能率先爆发的市场。目前个性化语音导航尚处在发展的初级阶段，在未来，智能机器人可能介入我们生活中的方方面面，为我们选择衣着搭配，为我们选择营养可口的菜谱。

2. 去节点化的商业逻辑和路径

从 PC 到移动互联网，用户获取信息、服务，靠的都是前后操作、交互逻辑以及各个节点间的有机串联。用户需要一步步地操作，才能最终完成任务。但是去中间化、去节点化，正是人工智能的典型特征。人工智能能让过去复杂、烦琐的长路径缩短到零门槛。比如，以前订机票需要多个步骤完成，人工智能通过智能化的会话和语义理解就会完成订票。

3. 人工智能 + 客服

人工智能已经可以提供语音识别、语言响应、智能推荐等功能，而基于用户问题和处理方式的数据库，在未来，人工智能可以代替很多公司的客服。人工智能 + 客服，可以降低出错率，也可以搭建多路径整合的响应方式，甚至有可能提高二次交易率。

4. 人工智能 + 旅游

旅游业将会受到人工智能的影响。近年来 AR、VR 和 MR 等技术，结合人工智能、地图导航、大数据、物联网等技术，已经能根据用户喜好规划旅游线路，并提供远超人工导游所能提供的优质服务。随之而来的是，比如餐饮、纪念品零售等旅游衍生产业也将不断加入大数据之中。

在未来，混合现实可能会完全替代导游，而类似体感游戏的旅游公园也会是发展的趋势。

5. 人工智能 + 零售和电商

在电商销售平台，早已经实现了数据收集。但是随着物联网的成熟，仓配和物流将给用户带来可以和实体店媲美的消费体验。同时智能零售还会因为大数据收录了用户所有的消费数据，从而实现精准营销。在这方面，阿里巴巴的人工智能 ET 已露雏形。货物按照商品特性被自动推荐给不同类型的消费人群，不仅可以实现精准营销、质量追踪，也可以帮助用户智慧消费，导购员将彻底消失。

未来的销售行业会形成便利、高效和智慧的行业体系，消费者会得到更加愉悦的体验。

商机无限的人工智能时代已经来临，能够把握时代脉搏的群体才会抓住商机，成为时代的弄潮儿。

二、工业物联网

（一）工业物联网的概念

工业物联网是物联网技术在制造企业或智能工厂中的应用，它指通过传感器技术、标识识别技术、图像视频技术、定位技术等感知技术，实时感知企业或工厂中需要监控、连接和互动的装备，并构建企业办公室的信息化系统，打通办公信息化系统与生产现场设备的直接联系。

工业物联网从下至上由三个层次构成，包括感知控制层、网络层和应用层。生产指标由企业信息化系统通过网络层自动下达至机器的执行系统；生产结果由感知控制层自动采集并通过网络层上传至应用层（一般是企业信息化系统），并在生产现场实现智能化的自动监控和报警；还可在云制造平台上对大数据进行分析挖掘，提高生产制造的智能化水平。

（二）工业物联网的技术优势

物联网集成了 RFID、传感器、无线网络、中间件、云计算等新技术，其发展会极大地促进各行业的信息化进程，实现物与物、人与物的自动化信息交互与处理。物联网技术在制造业中的应用优势可归纳为以下几点。

1. 产品智能化

产品中加入大量电子技术元素，实现产品功能的智能化。例如，通过在产品中植入 RFID 芯片，记录产品的出厂日期、编号、产品类型等信息；通过在产品中植入智能传感器，可记录设备运行数据，如检测设备的运行状态等，并通过网络传送至后台信息系统中。

2. 实时售后服务

通过无线网络所获取的全球范围内产品运行的状态信息，经过后台信息系统的分析、处理、反馈，可用于在线售后服务，提高服务水平。

3. 过程监控与管理

工厂可以通过以太网或现场总线，采集生产设备的运行状态数据，实施生产控制和设备维护，包括供需转换、工时统计、部件管理、产品状况质量在线监测和设备状况监测与节能等。

4. 物流管理

在工厂内外的物流设备中植入 RFID，实现对物品位置、数量、交接的管理和控制，提高物流流通效率；对特殊储藏要求的货品实施在线监测与防伪，实现了信息在真实世界和虚拟空间之间的智能化流动。

（三）物联网的智能制造产业发展趋势

物联网与智能制造技术相结合，对智能制造产业的发展产生了深远的影响。基于物联网的智能制造产业发展趋势有以下几个方面。

（1）制造过程向全球化的协同创新发展；

（2）生产和研发向精益化的方向发展；

（3）制造设计从高能耗向低能高效转变。

将物联网的应用与"绿色、环保、节能、低碳经济"的发展理念紧密结合，充分利用物联网技术，可以实现更精细、更简单、更高效的管理，帮助企业创造更好的经济效益和社会效益，实现智能制造绿色设计和绿色制造的行业要求。

三、工业大数据

大数据时代已经来临，根据数据的多样性，从巨量信息中所提取的有价值的信息被应用于各个领域，为各行各业的人提供定制化的服务。在各个行业中，金融业是最依赖数据的重要领域之一，而且最容易实现数据的变现。

历史上每一次经济大发展都由科技革命推动。从蒸汽机、电力到信息和生物技术，科技是第一生产力；数学和AI、大数据、物联网、云计算、区块链等信息技术、生物识别技术应用于各个领域，带来创新。例如，金融科技准确记录金融交易，发现新的规则，风险定价，提升金融活动的效率，识别防范金融活动中潜在风险。只有真正依靠科技实力以提升效率、降低成本的金融科技企业才具有生命力，蚂蚁金服通过淘宝、支付宝交易数据来寻找低风险客户，保持低坏账率，即使利息低，也能赚钱。

（一）什么是大数据

简单来说，大数据就是一个体量特别大、数据类别特别多的数据集，而且用传统数据库工具，无法对数据集内容进行抓取、管理和处理。

（二）大数据的特征

学术界已经总结了大数据的许多特点，包括体量巨大、速度极快、模态多样、潜在价值大等。目前关于大数据的特征还具有一定的争议，本书采用普遍被接受的4V进行描述。

1. 数据量大（volume）

非结构化数据的超大规模和增长，导致数据集合的规模不断扩大，数据单位已从GB到TB再到PB级，甚至开始以EB和ZB来计数。

根据著名咨询机构 IDC 做出的估测，人类社会产生的数据一直都在以每年 50% 的速度增长，也就是说，每两年就增加一倍，这被称为"大数据摩尔定律"。据估算，人类在最近两年产生的数据量相当于之前产生的全部数据量之和。

2. 类型繁多（variety）

大数据的类型不仅包括网络日志、音频、视频、图片、地理位置信息等结构化数据，还包括半结构化数据甚至是非结构化数据，具有异构性和多样性的特点。

大数据类型繁多，在编码方式、数据格式、应用特征等多个方面存在差异，既包含传统的结构化数据，也包含类似于 XML、JSON 等半结构化形式和更多的非结构化数据；既包含传统的文本数据，也包含更多的图片、音频和视频数据。

大数据的数据来源众多，科学研究、企业应用和 Web 应用等都在源源不断地生成新的数据。生物大数据、交通大数据、医疗大数据、电信大数据、电力大数据、金融大数据等都呈现出井喷式增长，所涉及的数量巨大，已经从 TB 级别跃升到 PB 级别。

大数据的数据类型丰富，包括结构化数据和非结构化数据，其中，前者占 10% 左右，主要是指存储在关系数据库中的数据；后者占 90% 左右，种类繁多，主要包括邮件、音频、视频、微信、微博、位置信息、链接信息、手机呼叫信息、网络日志等。

如此类型繁多的异构数据，对数据处理和分析技术提出了新的挑战，也带来了新的机遇。传统数据主要存储在关系数据库中，但是，在类似 Web 2.0 等应用领域中，越来越多的数据开始被存储在非关系型数据库（Not Only SQL，NoSQL）中，这就必然要求在集成的过程中进行数据转换，而这种转换的过程是非常复杂和难以管理的。传统的联机分析处理（On-Line Analytical Processing，OLAP）和商务智能工具大都面向结构化数据，而在大数据时代，用户友好的、支持非结构化数据分析的商业软件也将迎来广阔的市场空间。

3. 价值密度低（value）

大数据本身存在较大的潜在价值，但由于大数据的数据量过大，其价值往往呈现稀疏性的特点。虽然单位数据的价值密度在不断降低，但是数据的整体价值在提高。

后来，IBM 公司又在 3V 的基础上增加了 Value（价值）维度来表述大数据的特点，即大数据的数据价值密度低，因此需要从海量原始数据中进行分析和挖掘，从形式各异的数据源中抽取富有价值的信息。

4. 速度快时效性强（velocity）

要求大数据的处理速度快、时效性高，需要实时分析而非批量式分析，数据的输入、处理和分析连贯性地处理。

数据以非常高的速率到达系统内部，这就要求处理数据段的速度必须非常快。

例如，在 1 min 内，Facebook 可以产生 600 万次浏览量。以谷歌公司的 Dremel 为例，它是一种可扩展的、交互式的实时查询系统，用于只读嵌套数据的分析，通过结合多级树状执行过程和列式数据结构，它能做到几秒内完成对万亿张表的聚合查询，系统可以扩展到成千上万的 CPU 上，满足谷歌上万用户操作 PB 级数据的需求，并且可以在 2~3 s 内完成 PB 级别数据的查询。

IDC 公司则更侧重从技术角度的考量。大数据处理技术代表了新一代的技术架构，这种架构能够高速获取和处理数据，并对其进行分析和深度挖掘，总结出具有高价值的数据。

大数据的"大"不仅是指数据量的大小，也包含大数据源的其他特征，如不断增加的速度和多样性。这意味着大数据正以更加复杂的格式从不同的数据源高速向我们涌来。

大数据有一些区别于传统数据源的重要特征，不是所有的大数据源都具备这些特征，但是大多数大数据源都具备其中的一些特征。

大数据通常是由机器自动生成的，并不涉及人工参与，如引擎中的传感器会自动生成关于周围环境的数据。

大数据源通常设计得并不友好，甚至根本没有被设计过。如社交网站上的文本信息流，我们不可能要求用户使用标准的语法、语序等。

因此大数据很难从直观上看到蕴藏的价值大小，所以创新的分析方法对于挖掘大数据中的价值尤为重要。

大数据的规模大，要求分析速度快，并且大数据的类型多种多样，其价值密度较小，因此辨别难度大。因为大数据的真伪性难以辨识，并且呈碎片化存储，所以其价值需要经过加工才能显现出来。

由于传感技术、社会网络和移动设备的快速发展和大规模普及，数据规模以指数级爆炸式增长，并且数据类型和相互关系复杂多样，包括视频监控系统产生的海量视频数据、医疗物联网源源不断的健康数据等。其来源有搭载感测设备的移动设备、高空感测科技（遥感）、软件记录、相机、麦克风、无线射频识别（RFID）和无线感测网络等。

（三）大数据环境的技术特征

大数据来源于互联网、企业系统和物联网等信息系统。传统的信息系统一般定位为面向个体信息生产、供局部简单查询和统计应用的信息系统，其输入是个体少量的信息，处理方式是将移动数据在系统中进行加工，输出是个体信息或某一主题的统计信息。而大数据的信息系统定位为面向全局、提供复杂统计分析和数据挖掘的信息系统，其输入是 TB 级的数据，处理方式是从移动逻辑到数据存储，对数据进行加工，输出是与主题相关的各种关联信息。

从数据在信息系统中的生命周期看，大数据从数据源经过分析挖掘到最终获得价值一般需要经过 5 个主要环节，即数据准备、数据存储与管理、计算处理、数据分析和知识展现。

1. 数据准备环节

在进行存储和处理之前，需要对数据进行清洗、整理，这在传统数据处理体系中称为 ETL（Extracting Transforming Loading）过程。ETL 是利用某种装置（比如摄像头、麦克风），从系统外部采集数据并输入到系统内部的一个接口。在互联网行业快速发展的今天，数据采集已经被广泛应用于互联网及分布式领域。

2. 数据存储与管理环节

数据存储技术在应用过程中主要使用的对象是临时文件在加工过程中形成的一种数据流，通过基本信息的查找，依照某种格式，将数据记录和存储在外部存储介质和内部存储介质上。数据存储技术需要根据相关信息特征命名，将流动数据在系统中以数据流的形式反映出来，同步呈现静态数据特征和动态数据特征。大数据存储技术应同时满足以下三点要求：存储基础设施应能持久和可靠地存储数据，提供可伸缩的访问接口供用户查询和分析海量数据，对于结构化数据和非结构化的海量数据要能够提供高效的查询、统计、更新等操作。

3. 计算处理环节

目前采集到的大数据 85% 以上是非结构化和半结构化数据，传统的关系数据库无法胜任这些数据的处理。如何高效处理非结构化和半结构化数据，是大数据计算技术的核心要点。如何能够在不同的数据类型中，进行交叉计算，是大数据计算技术要解决的另一核心问题。

大数据计算技术可分为批处理计算和流处理计算。批处理计算主要操作大容量、静态的数据集，并在计算过程完成后返回结果，适用于需要计算全部数据后才能完成的计算工作；流处理计算无须对整个数据集执行操作，而只需对进入当前节点的每个数据项执行操作，处理结果立刻可用，并会随着新数据的抵达更新结果。

4. 数据分析环节

大数据结构复杂，数据构成中更多的是非结构化数据，单纯靠数据库对结构化数据进行分析已经不太适用。所以需要技术的创新，这就产生了大数据分析技术，包括可视化分析、数据挖掘算法、预测性分析、语义引擎、数据质量和数据管理等。

5. 知识展现环节

在大数据服务于决策支撑场景下，以直观的方式将分析结果呈现给用户，是大数据分析的重要环节，如何让复杂的分析结果易于理解是关键。在嵌入多业务的闭环大数据应用中，一般是由机器根据算法直接应用分析结果而无须人工干预，这种场景下知识展现环节则不是必需的。

（四）工业大数据的价值

工业企业所面临的数据采集、管理和分析等问题将比互联网行业更为复杂。海量的工业数据背后隐藏了很多有价值的信息。大数据可能带来的巨大价值正在被传统产业认可，它通过技术创新与发展，以及数据的全面感知、收集、分析和共享，为企业管理者和参与者呈现出看待制造业价值链的全新视角。工业大数据的价值具体体现在以下两个方面。

1. 实现智能生产

在智能制造体系中，通过物联网技术，使工厂/车间的设备传感层与控制层的数据和企业信息系统融合，将生产大数据传送至云计算数据中心进行存储、分析，以便形成决策并反过来指导生产。

在一定程度上，工厂/车间的传感器所产生的大数据直接决定了智能制造所要求的智能化设备的智能水平。此外，从生产能耗角度看，设备生产过程中利用传感器集中监控所有的生产流程，能够发现能耗的异常或峰值情况，由此能够在生产过程中不断实时优化能源消耗。同时，对所有流程的大数据进行分析，也将从整体上大幅降低生产能耗。

2. 实现大规模定制

大数据是制造智能化的基础，其在制造业大规模定制中的应用包括数据采集、数据管理、订单管理、智能化制造、定制平台等。其中定制平台是核心，定制数据达到一定的数量级，方能实现大数据应用。通过对大数据的挖掘，可将其应用于流行预测、精准匹配、时尚管理、社交应用、营销推送等领域。同时，大数据能够帮助制造业企业提升营销的针对性，降低物流和库存的成本，减少生产资源投入的风险。

进行大数据分析，将带来仓储、配送、销售效率的大幅提升与成本的大幅下降，并将极大地减少库存，优化供应链。同时，利用销售数据、产品的传感器数据和供应商数据库的数据等方面的大数据，制造企业可以准确预测全球不同市场区域的商品需求，跟踪库存和销售价格，从而节约大量成本。

四、区块链

（一）区块链的定义

区块链是一种基于密码学技术生成的分布式共享数据库，其本质是通过去中心化的方式共同维护一个可信数据库的技术方案。

区块链中的"区块"指的是信息块，这个信息块内含有一个特殊的时间戳信息，含有时间戳的信息块彼此互连，形成的信息块链条被称为"区块链"。

区块链技术使得参与系统中的每个节点，都能通过竞争记账，将一段时间内系统产生的业务数据，通过密码学算法计算和记录到数据块上，同时通过数字签名确保信息的有效性，并链接到下一个数据块形成一条主链，系统所有节点有义务来认定收到的数据块中的记录具有真实性。

（二）区块链分类

区块链目前分为以下三类。

1. 公有区块链（Public Block Chains）

无官方组织及管理机构，世界上任何个体或者团体都可以发送交易，且交易能够获得该区块链的有效确认，任何人都可以参与其共识过程。公有区块链是最早的区块链，也是目前应用最广泛的区块链。

2. 联合（行业）区块链（Consortium Block Chains）

由某个群体内部指定多个预选的节点为记账人，每个块的生成由所有的预选节点共同决定。其他接入节点可以参与交易，但不过问记账过程，其他任何人可以通过该区块链开放的 API 进行限定查询。这类区块链兼具部分去中心化的特征。例如由各大银行、金融机构建立的 R3 区块链联盟就是联合（行业）区块链的一种。

3. 私有区块链（Private Block Chains）

仅仅使用区块链的总账技术进行记账，可以是公司，也可以是个人。私有区块链的运行规则根据私有区块链拥有者的要求进行设定，仅有少数节点有权限写入甚至读取区块链数据。

（三）区块链的技术特征

区块链技术的关键点除了去中心化、去信任、集体维护、分布式、开源性之外，还有非对称加密算法、时间戳、自治性、匿名性等。这些都属于区块链技术的部分，哪怕只缺少其中一项，都不能称为区块链。

1. 去中心化

去中心化是区块链技术的一个重要特点，指的是区块链技术将中心弱化到各个节点上，因此区块链技术并不是完全不需要中心。区块链技术使系统中的每个节点都能够成为中心，从而独立运行，还能够完成节点与节点之间的直接交易。

区块链技术上的每个"区块"都像一个小型数据库，所有节点都可以使用对应的密钥，去查阅每个"区块"里保存的所有数据。而且，除了网络延迟可能造成信息没有及时送达到下一个"区块"以外，每个"区块"中保存的数据信息几乎相同。区块链技术没有任何可以操控其他"区块"信息的大中心，想要通过一个"区块"进一步控制其他"区块"，几乎不可能实现。

因此，去中心化也是区块链技术的核心特点。从目前来看，在金融交易中，去中心化能够最大限度地减少交易成本。而站在未来的角度，去中心化的核心特点在区块链 3.0 的时代得到了最大的拓展，甚至会成为未来世界的发展方向。

2. 去信任

区块链技术从根本上改变了中心化的信任机制，节点之间数据交换通过数字签名技术进行验证，无须相互信任，通过技术背书而非中心化信用机构来进行信用建立。在系统指定的规则范围和时间范围内，节点之间不能也无法欺骗其他节点，即少量节点无法完成造假。

去信任是区块链技术要达到的目标之一。但是，所谓的"去信任"并不是指让使用者在应用区块链技术的过程中不信任或者不产生信任，而是在应用区块链技术的项目中，达到去掉第三方信任机构的目的。

在这个信息爆炸的时代，交易双方时常不能直接判断出对方信息的真假，所以需要强大的第三方机构介入交易过程中，来建立交易双方的信任。这个第三方信任机构往往在中间会收取大量交易者的资源，用来维护自身的发展。即使所有交易者都知道第三方机构会在交易过程中耗费大量成本，但是他们都必须依赖第三方信任机构，来维护交易双方的信任。

而区块链技术会构建出一套独特的信任机制——在去中心化的前提下，

实现节点与节点之间直接进行信息交易。区块链技术能够不停地接收大量外部信息，同时让这些信息在"区块"中存储、不可修改，并且其他"区块"中都包含了信息的备份。那么，任何节点上的人都可以通过"区块"获得交易对象的数字信息，通过区块链技术来判断交易对象是否可信任，甚至可以通过区块链技术，在交易过程中强制让交易对象执行交易程序。

区块链技术实现了去信任，从而证明了区块链技术的公开性、透明性。因此，区块链技术本身就在"创造"信任。

3. 集体维护

集体维护的主要含义是：区块链技术涉及所有包含数据信息的"区块"，由不同的节点共同维护。也就是说，某个"区块"上包含某条信息，其他"区块"上也有这条信息，并且其他"区块"都认同这条信息的正确性。因此，集体维护在维护信息的同时，还能够从一定程度上监管信息的正确性，进而使区块链中的信息不会被轻易篡改。

集体维护成为区块链技术内部主要的监管方式，而这个监管方式为区块链技术"创造"信任价值奠定了一定的基础。

4. 分布式

分布式在区块链技术的传递与存储信息的方法上都有体现。由于每条"链"的每个"区块"上，都存储了这条"链"的全部信息，每个"区块"在接收到新数据的时候，会将新数据传送给其他"区块"，进而每个"区块"都相当于一个数据库备份。当外界黑客对某个"区块"进行攻击的时候，并不会对整条"链"产生影响。系统会自动进行调整，进而避开被攻击"区块"发出的错误信息。因此，也有人在区块链技术中运用分布式，将数据存储在各个"区块"，这被称为"可靠数据库"。

可靠数据库体现了区块链技术的安全特性。然而，区块链技术也并非绝对安全，它只是在一定程度上将隐患最小化。因为如果外界黑客攻击了"链"上51%以上的区块，那么整条"链"也会随之崩溃。但是，随着区块链技术的发展，"链"上的数据会越来越多，"链"自身也会越来越长。当"链"延伸到一定长度的时候，黑客也难以做到51%以上的攻击。因此，可靠数据库会随着区块链技术的发展而变得更加安全。

（1）分布式账本

在金融交易中，想要同时保护身份信息以及资产安全，是一个艰难的问题。现在一些大型企业往往会集中记录储存客户的资料，这种只有一个账本记录信息的方式，往往会因为黑客的攻击而导致资料大量对外泄露，最终影响了客户的隐私安全。而分布式账本就能完美地解决这个问题。由于区块链技术的实质是建立在分布式基础上的一个去中心化的数字账本，因此，区块链技术必定是分布式账本。然而分布式账本不一定是区块链，有可能在某些场合区块链技术仅仅作为分布式账本的底层技术。

从实质上来说，分布式账本就是在互联网中的各个节点上，记录下全网络的所有数据信息。只要参与到分布式账本的运行中，都会成为网络中的一个"小账本"，网络中有任何变动，账本都会自动记录下来。而被记录在某个"小账本"里的信息，又可以通过一定的渠道将信息直接传达给其他的"小账本"。在这个没有中心的大账本里，每个小账本都可以视为独立的存储仓库，而且每个小账本里都有对应密钥来保证这些信息的安全性。由此可见，分布式账本可以分化为分布式记账、分布式传播、分布式存储三个部分。

在区块链技术中，已经产生交易关系的"区块"会形成一条"链"，而每一个参与到交易过程的"区块"都会记录下这条"链"上的所有信息，这就是分布式记账。因此，分布式记账就是一个人人都可以记账的体系，进而让每个人都能参与到记账的过程中，确保了每个节点之间信任的构建。也正是因为有分布式记账，才能够保障在"链"上的某个"区块"万一没有记录下全部信息，其他"区块"上保存的信息也能进行填补。

在区块链技术中，每笔交易都是在分布式系统里进行的，因此分布式传播就是将一个"区块"上的消息，传递到除了传给自己消息的"区块"以外的其他全部"区块"上。分布式传播保证了信息能够有效、快速地进行传递，并且该传递方式是个体对其他个体的直接传递，没有中间机制的参与，进而最大限度地节省了传递的时间，提高了分布式账本的运行效率。

而分布式存储，就是让所有的数据都可以存储在一个"区块"上，并且在对信息的筛选与更新方面，所有"区块"都能达到一致性。因此，当有外界黑客攻击某个"区块"的时候，即使造成了该"区块"的损失，但是其他的"区块"上也都记录了与被攻击"区块"相同的信息，所以在某种意义上分布式存储有一定的安全性，不会造成信息资源的损失。

正因为有分布式记账、分布式传播、分布式存储，因此分布式账本才能颠覆传统账本。传统账本只是由某个单个的核心来记录，而分布式账本则让每个参与到账本记录过程中的人都能够备份账本上的内容，进而保证了账本中所有的信息都能够全网公布，确保了账本在遭到外界攻击的情况下，信息的损失可以降到最低。就算有人想要篡改账本上的记录，也没有人能够做到同时把别人账本上的信息一同篡改。

理论上，每个小账本中的信息在整个分布式账本中应该是共享的，没有人或者其他机构能够改变分布式账本上的任何信息，因此不用担心由于黑客等外界因素的攻击，导致信息的泄露或者资产的损失。在去中心化的情况下，巨大的数据存储量让分布式账本信息的准确性与安全性几乎无懈可击。只要不是整个网络遭到毁灭性的破坏，分布式账本就会一直运行。所以，分布式账本在金融业中的运用，可以解决很多问题。比如，减少过高的交易费用、减少系统的维护费用、降低交易风险等。减少交易费用是由于分布式账本的去中心化，可以省去金融交易的中间机构或者多个隐藏在后台的控制机构，因此就不用交易双方承担第三方见证机构的费用。

而且在传统的金融业中，交易中的第三方机构必须要自我维护才能持续发展，而用来维护第三方机构的资本往往也来源于进行交易的双方。在分布式账本中，由于账本可以自动吸纳其他的"小账本"，完成自我更新与维护，因此节省了一大笔维护的费用。就算外界攻击了分布式账本上的某个节点，并使那个节点发生"异变"，但是其他的节点也不会受到"异变"的节点传输错误信息的影响。即使其他节点接收了错误信息，但是那些错误信息也不会被判定为有用、可执行的命令，因此使金融交易中存在的风险也降低了许多。

分布式账本的精髓就是形成一个由点构成的网络，而这个由点构成的网络有极大的可能性取代传统金融业中的各个中间平台。虽然这个网络目前还存在很多挑战，甚至还有很多未知的隐患，但是这个特殊的点对点网络在未来的发展与应用才是真正的关键，因为任何挑战与未知问题在未来都有可能被破解。

（2）公开的分布式账本

区块链技术本身就可以被视为一个"分布式总账本"，并且这个"账本"在整个系统中是绝对公开的。因此理解公开的分布式账本，是了解区块链技术运行原理的最主要部分。

在区块链技术中，"链"上的每个节点都可以单独记账，这些单独记账的节点都能产生"区块"。只要初始的"创世区块"是确定的，那么其他的区块会依次与"创世区块"连接。而且，每个新区块中包含的信息，都会存储到其他区块中，这体现了"账本"具有存储信息的作用。

因为每个区块中都包含了"链"中所有的信息，所以每个区块都能对信息的正确性进行判断。如果某个节点在"记账"过程中出现了错误，那么其他区块在接收到错误记账信息的时候，都可以做出准确的判断，进而让错误的信息无法进入"链"中。

因此，区块链技术的运行过程、身份验证与签名以及公开的分布式账本，都是区块链技术的重要机制，在区块链技术的运行中缺一不可。

5. 开源性

开源性则是区块链技术从诞生就一直存在的重要特点。它让应用区块链技术的系统维持了公开性、透明性。

从中本聪公布的比特币"创世区块"代码开始，区块链技术一直都处于开源的状态。任何程序员都可以下载代码，进行代码修改。区块链技术的开源性，为区块链技术今后的发展提供了巨大的机会。

6. 非对称加密

1949年，香农发表了《保密系统的信息理论》，为对称密码学建立了稳固的基础，进而使对称密码学进入了一段繁荣发展时期。加密者与解密者都在密钥的基础上，对信息进行加密与解密，因为此时的加密算法与解密算法是完全相同的，所以这种算法被称为对称加密算法。而对称加密算法存在着一个巨大的破绽，那就是加密者在传递信息的过程中必须把密钥也附上，只有这样解密者才能解开密码。因此，如果想使用对称加密算法来传递信息，就必须要花费大量的精力去研究安全传递密钥的方法。

所谓的非对称加密算法，就是运用公钥和私钥在不直接传递解开密码的密钥的情况下，使加密的信息解密。也就是说，加密的方式和解密的过程可以是完全不对称的关系。而后，非对称加密算法经过了进一步的发展，成为基于椭圆曲线算法等函数之上的非对称加密算法，为数字签名以及时间戳服务都提供了一定的密码学基础。

目前，区块链技术中使用的非对称加密算法主要有以下三个特点：

①加密时使用的公钥是公开的，"链"上的每个"区块"都可以看见所有的公钥。

②解密时使用的私钥，只有包含密文的"区块"才能拥有，因此被加密的密文只有拥有私钥的"区块"才能解开。

③其他人根据"区块"公开的公钥不能反向推理出密文的原信息，只有用另外的私钥才能解开密文。

因此，从区块链技术在除去第三方机构就能够给人带来信任的角度来看，非对称加密算法则是利用密码学产生"信任"的基础。

7. 时间戳

数字签名虽然是区块链技术中的重要部分，但并不代表数字签名一定完美无缺。信息在传递过程中存在的时间差问题，则无法被数字签名解决，因此还需要时间戳来解决。时间戳也是建立在公钥密码学基础之上的系统。但是与数字签名不同的是，时间戳主要负责记录每个"区块"接收信息的时间，确保了每条信息的先后顺序，进而保证了每个"区块"都能做出一致的判断。

8. 身份验证与签名

数字签名则是在区块链技术中运用了哈希函数、密钥的重要机制。数字签名主要有两个作用：第一是给发送节点公钥和私钥，因此确定了消息是由发送节点发送；第二则是运用哈希函数确保了信息在发送过程中完好无损。比如，A要向B发送一定数量的比特币，而B要知道这些比特币是由A发送的，就必须在这些比特币上看到A的"签名"。因此，数字签名最主要的作用就是证明信息是由发送方发送。而所有的签名信息都会被记录在"区块"里，既不能更改，也不能伪造。

在中本聪的描述中，处于节点位置的是不同的"记账者"。这些记账者为了获取比特币，就必须完成自己的工作——对接收到的消息进行检测、向全网广播。因此，区块链技术在往后的应用上，主要是通过一个去中心化的方式，让节点来集体维护相同的数据信息。每个"区块"中都包含了系统的全部信息，以及信息生成时的数字签名与时间戳。其中，"时间戳"的出现，在区块链技术中具有重大的作用。

"时间戳"为建立在区块链技术上的比特币提供了一个重要的安全保障——避免"双花问题"的出现。所谓的"双花"，就是同一个数字货币，在黑客故意的篡改下，被花费了两次。而时间戳就是比特币应对"双花问题"的有力武器。正因为时间戳，作为分布式总账本的区块链技术才拥有了连续性，还使区块中的每条信息都具有了唯一性。当有人想要"查账"的时候，就可以根据时间戳准确地定位，每条消息的唯一性为整条"链"在验证消息的正确性方面提供了极大的便利。

区块链技术上还有另外一种可以验证身份的方式，那就是通过数字签名来进行验证。因为，交易者在使用比特币进行交易的时候，区块上都有记录该交易者的身份识别等信息。这些代表交易者身份的信息，就是交易者的数字签名。这些数字签名确保了交易者身份的准确性，同时也让系统能够准确判断出发动交易的一方。

而"时间戳"和"数字签名"之所以能够实现对信息的验证与签名，主要依赖于密码学。在区块链技术中，串联各个"区块"的核心方法就是密码学。密码学贯穿了整个区块链技术，无论是"时间戳"还是"数字签名"，都是建立在密码学之上的。密码学让每个"区块"能够更有效地与下一个"区块"进行连接，同时也保障了各个"区块"上的信息安全性和完整性。庞大复杂的密码学，是区块链技术去中心化能够实现的安全基础。

（四）区块链技术的本质

区块链技术不一定必须包含智能合约，因为中本聪的论文并没有提到任何关于"合约"的字眼。区块链技术只是为后来的智能合约提供了一个可以运行的框架，但是智能合约并非区块链技术中的必要组成。

除了智能合约之外，"分布式账本数据库"几乎是大多数人对于区块链技术的定义，因此也有很多人将区块链看成数据库。其实，这是一种错误的看法。虽然"区块"本身拥有的存储功能符合人们对"数据库"的认知，但是在中本聪最初的论文中，"数据库"同样也没有出现过。区块链技术拥有数据库的功能，只是在后面相关人员的研究中被发现的，这只不过是区块链技术众多功能中的一部分。

首先，站在现在区块链技术的角度，可编程性几乎是所有关于区块链技术的研究者共同承认的重要特性，因为中本聪公布的"创世区块"就是以代码的方式呈现在世界面前的。但是回归到中本聪的论文中，他并没有提到任何关于"程序"或者"脚本"的字眼。虽然目前的区块链技术都是在代码的基础上实现的，但并不代表以后区块链技术会被限制于代码上，它应该会有比代码更优秀、更广阔的发展空间。

其次，要站在区块链技术目前主要的应用方向上，进一步看清区块链技术在未来的发展。目前，区块链技术主要运用的地方就是数字货币。而在这些数字货币中，最有代表性的就是比特币。但是，不能把区块链技术的应用局限于数字货币。虽然中本聪在最初的论文中，主要讲述的就是比特币，区块链技术也是其他人在研究比特币的基础上发现的，但这并不能代表数字货币就是区块链技术发展的终点。作为底层技术的区块链，应该拥有更广阔的发展前景，可以说，区块链技术在未来科学技术的发展中，可能会给人类社会带来深远的影响。而这种深远的影响，甚至可以超越比特币给科学界带来的冲击。

最后，要清楚区块链技术里包含的多种技术。区块链并不是指一种技术，而是指对多种技术的整合。它整合了密码学基础、共识算法、分布式等。这些技术互相融合，最终形成了区块链技术。区块链技术目前能实现的所有功能，都是在这些技术的支撑之下完成的。因此，这些技术缺一不可，否则区块链技术也会变得不完善。而且，"区块链技术"这个由多种技术整合的"技术融合体"，在未来的发展中还会持续地自我更新。因为组成区块链技术的其他技术，都在各自的领域中持续发展着。区块链本身其实是一串使用密码学相关联所产生的数据块，每个数据块中包含了多次比特币网络交易的有效确认信息。

（五）区块链的其他技术原理

区块链诞生之后，为金融领域带来了源源不断的惊喜与创新动力。想要把握住区块链带来的创新动力，就要了解区块链内所有的基础知识，包含密码学基础、共识算法、分布式等，并且熟悉从这些基础之上衍生出来的，与区块链有着直接关系的分布式账本、智能合约、侧链技术等初步应用方向。要从区块链技术的原理中准确地找到它的关键点，理解区块链技术每个关键点的意义，才能看清区块链技术为人类带来的利益。同时，在区块链技术的原理之上，还要能看清它本身的缺陷，因为并不是所有的技术从诞生开始就是完善的。只有清楚了目前区块链技术的优点与缺陷，才能从区块链技术的本质上进一步让它在金融领域中运行起来。

1. 密码学基础：哈希算法

所有的事物都不是凭空创造的，区块链技术也一样。大多数人都知道区块链技术起源于比特币，却很少有人能注意到区块链技术里最主要、最强大的部分——密码学。可以说，区块链就是一门靠着庞大复杂的密码学系统支撑起来的技术。如果说区块链是其他相关行业的底层技术，那么密码学就是区块链技术的底层。

区块链技术中运用的密码学主要为非对称法和哈希函数。这些加密算法不但保证了每个新"区块"能与上一个"区块"安全连接，并且保证了"链"中的每个"区块"上的数据的正确性，也保证了这些数据不会被篡改。非对称加密算法与哈希函数相辅相成，在区块链技术中被运用在数字签名以及时间戳之中，进而保证了区块链技术的安全、全网公开等特性。

哈希算法，也就是SHA（Secure Hash Algorithm）算法，属于散列函数密码。其中包括了SHA-1、SHA-2，而SHA-2中又包含了SHA-224、SHA-256、SHA-384、SHA-512。SHA-1已经被使用在许多安全协议中，然而其在2005年已经被我国的密码学专家王小云等破译。SHA-2算法与SHA-1相似，且至今没有被完美破译，比SHA-1安全性更高。中本聪在设计比特币的时候主要运用的就是SHA-2算法，进而该算法被主要应用于区块链技术。所谓的SHA-256算法就是把接收的任意长度的数据，转化成输出固定为32字节的散列，也就是说，SHA-256算法的输出长度永远都是256位。因此，SHA-256哈希函数确保了每个"区块"中的数据都不可篡改以及信息的真实性。

SHA-256哈希函数还具有一个关键特性——单向性。也就是说，从计算机0和1组成的输出语言中，想要反向推理出原来的数据几乎不可能实现。而由于SHA-256哈希函数的输出固定为256位，即使遇到一条包含了庞大信息的数据，也能够在极短的时间内得到最终的固定输出。

除了SHA-256哈希函数自身具备的单向性之外，在区块链技术中，还需要额外拥有免碰撞性。所谓的"碰撞"指的是当一个哈希函数为多个信息进行加密的时候，可能会产生相同的256位输出。因此，只有避免"碰撞"，才能保证不同的信息经过算法加密后输出的结果不同，进而确保信息的准确性和完整性。然而并没有永远安全的算法，SHA-256算法只能保证区块链技术目前的安全性。在区块链技术今后的发展中，必定会出现取代SHA-256算法，使区块链技术能够更加安全。中本聪本人也承认，算法的升级是必要的过程。

2. 共识算法

共识机制是区块链技术中非常重要的部分。而所谓的共识机制，就是让"账本"中所有负责记录的"区块"能够达成一致，进而判断出信息的准确性。要想每个"区块"都能够达到共识的目的，就需要依赖共识算法。而目前区块链技术的共识算法主要有PoW（Proof of Work，工作量证明）、PoS（Proof of Stake，权益证明）、DPoS（Delegate Proof of Stake，股份授权证明）、RCP（Ripple Consensus Protocol，瑞波共识协议）等。

（1）PoW：工作量证明

"区块链之父"中本聪最早提出的共识算法就是工作量证明，工作量证明最早的应用就是比特币，之后也被其他人用于莱特币等类似比特币的数字货币上。而所谓的工作量证明，顾名思义，就是证明"矿工"们的工作量，工作量的产生则主要依赖于机器进行大量的数学运算。其实，工作量证明的概念早在1993年就已经被人提出，提出者是辛西娅·德沃克（Cynthia Dwork）和莫尼·纳奥（Moni Naor）。他们在学术论文中指出，工作量证明需要发起人进行一定的运算，因此需要消耗一定的时间。中本聪将工作量证明应用到区块链技术上，进而实现了区块链技术的"去中心化"，让节点上的信息能够全网公开。

工作量证明虽然现在被大量地运用到各种数字货币中，但是它的缺点也十分明显：比特币的"挖矿"产生了大量的资源浪费；随着"区块"的连接增长，共识达成的延迟也在增加；比特币占据了全球大量的市场，大部分算力都集中在比特币上；工作量证明的容错量也不是绝对的，它只能允许全网50%的"区块"出错……因此，工作量证明的这些缺点，最终导致了这个共识算法不能被广泛应用。

（2）PoS：权益证明

权益证明是工作量证明的升级共识机制。这种共识机制是根据货币持有者拥有货币的比例和时间，等比例降低了计算难度，从而加快了"挖矿"的速度。虽然权益证明降低了机器的计算难度，在某种程度上降低了对机器的性能要求，但是它让持有者的数字货币"钱包"与区块链技术进行绑定，拥有数字货币的数量越多，"挖矿"成功的概率才越大。因此，权益证明具有的优点是：降低了计算力，缩短了延迟。然而丹尼尔·拉力莫在论文《基于权益证明的交易》中写道："现有的权益证明体系，如点点币，是基于'证据区块'基础上的，在'证据区块'中，矿工必须达成的目标与销毁币天数是呈负相关的。拥有点点币的人必须选择成为权益证明的挖矿人并在一段时间内贡献他们的一部分币来保护网络。"

因此，权益证明也不是完全弥补了工作量证明的不足，它只是在工作量证明的基础之上进行了部分改善。它还是没有摆脱对"挖矿"的需求，在本质上并没有完全解决工作量证明存在的问题，只是将工作量证明的问题弱化了。而且权益证明还需要"矿工"贡献已有的资源来进行网络维护，在某种程度上，这也降低了"矿工"挖矿的积极性。

（3）DPoS：股份授权证明

股份授权证明比权益证明更加权威，它类似于投票机制，是在权益证明的基础之上创造出的共识算法。而创立这种新算法的初衷，是为了保障数字货币的安全。在股份授权证明中，与一般区块链技术的共识算法不同的是，它仍然存在着一定的中心——"受托人"，只不过这个"受托人"中心受到了其他"股份"持有者的限制。因为系统选举受托人是绝对公平的，任何股份持有者都有成为"受托人"的可能。

而股份授权证明与权益证明最大的区别，是股份授权证明不用强制信任拥有最多资源的人。这样股份授权证明既拥有了一部分中心化易监管的优势，又维持了"去中心化"的特点。因此，股份授权证明具有许多优点：大面积减少了"记账"的"区块"，进而提高了运行效率；使持股者的"盈利"最大化，使机器设备的维护费减到最小；使整体的成本缩减到最低，避免了不必要的资源浪费。

然而，股份授权证明并没有做到真正的"去中心化"，而且在由谁来生产下一个"区块"方面，股份授权证明也存在着一定的争议。因此，股份授权证明也不是绝对安全可行的共识机制，它的运行方式只适用于部分领域。

（4）RCP：瑞波共识协议

2013年，美国旧金山的瑞波实验室提出了一种新的互联网金融协议——瑞波协议。这种协议的目的，就是实现全世界范围内所有有价值物品、金钱、虚拟货币的自由交易，并且可以达到高效率地转换。而瑞波共识协议的本质就是在权益证明基础上的进一步升级。瑞波协议在接纳"新成员"的时候，原有的"老成员"集体投票有51%的通过率即可，因此，外部的因素根本不会影响到内部接纳"新成员"的过程。进而，瑞波协议在内部执行上避免了许多外界因素的干扰。尽管瑞波币与比特币一样采用了点对点的支付方式、源代码开放等，但是瑞波币能积极配合监管部门，加快银行、金融企业等融合，使瑞波币在短时间内得到了极大的好评。

区块链技术中的共识机制，除了目前主要的工作量证明、权益证明、股份授权证明、瑞波共识协议之外，还有拜占庭容错机制（BFT）、Pool验证池、小蚁共识机制（dBFT）等改进型。这些共识机制在不同的金融企业中，大多数已经被应用于区块链技术中。这些共识机制在不同的场合，运用不同的方式，实现了同一个目标——使每个节点都能够达到一致的效果。

3. 智能合约

传统意义上的合约，相当于合同、契约。在金融交易中，当交易的双方不能信任彼此的时候，往往会通过签订文字合约的方式来建立信任。虽然合约在人类发展的过程中出现得很早，但是传统意义上的合约存在许多漏洞，即使法律给予了一定的保护措施，违约现象仍然屡见不鲜。在签订合约之后，因为对方违背合约而产生损失的一方想要追回损失时，必须有法院等第三方机构介入，还要支付给第三方机构一笔用来维护信任的费用。然而有时候，即便第三方机构能够及时介入，往往也不能追回全部的损失，特别当违约方造成了重大且不可逆的损失的时候，想要追回损失几乎成了不可能的事情，因此产生损失的一方只能自己承担全部后果。

而智能合约就能够弥补传统合约的不足之处。它不仅与传统合约有着许多相似的地方，比如都需要交易双方履行各自的义务，也会记录下违约方应该受到的惩罚等，而且比传统合约更加安全、可信。

从本质上来说，智能合约是一个依靠代码来实行的合同，是一种能让交易双方达成共识的新方式。它不需要依赖任何机构就可以构建信任，甚至避免了违约的发生，进一步省去了传统合约签订过程中必须要有的双方共同信任的第三方机构。

其实，"智能合约"的理念早在20世纪90年代就已经被尼克·萨博提出，但是由于当时的条件限制，缺乏一个可编程的数字系统，导致了智能合约一直不能真正地实现。直到区块链技术的出现和发展，它的全网公开、去中心化、不可篡改等特性为智能合约提供了一个数字化可编程的系统，智能合约的发展也才出现了机会。特别是在区块链2.0的时代，智能合约的发展尤为突出。智能合约几乎融合进应用区块链技术的每一个领域中。无论是类似比特币等数字货币的交易，还是一些应用区块链技术的数字货币机构，在智能合约的影响之下，都可以在交易双方本身没有信任的条件下，实现由程序来强制交易双方彼此履行各自的义务。甚至智能合约还跳出了特定的交易范畴，延伸到整个市场中，使整个市场都能够实现在去中心化的情况下，达到彼此信任的目的。

从表面上看，智能合约是与区块链技术一同发展的、由代码编写的、可以自动执行的程序。在不需要人为监控的情况下，它不仅能强制合约里的双方完成各自的义务，还能实现自我更新。但是，这并不代表智能合约就是人工智能，也不代表智能合约就是区块链技术的应用程序。

智能合约在区块链技术中的应用主体目前仅限于代码，其运行方式是可计算推导的，还远远达不到人工智能的程度。而且由于目前区块链技术的不成熟与不完善，智能合约发展中不可避免地出现了大量问题。

首先，智能合约的应用还处于初级阶段，在安全问题上面临着巨大的挑战。由于区块链技术不可篡改的特性，当智能合约产生错误需要改正的时候，外部人员根本无从下手，只能眼睁睁地看着错误的交易进行。比如，当监管机构发现罪犯利用智能合约骗取别人的资金，但是在智能合约上，监管机构不能插手，只能任由智能合约强制执行，即使在交易结束后也很难追回被骗取的资金。或者当编写智能合约的程序员想要骗取双方交易者的资金时，他可以故意设计一个存在漏洞的智能合约，那么双方交易者很可能就会因为这个漏洞而遭受损失。因此，在去中心化的智能合约里，所有的用户万一出现损失，也只能自己承担。

其次，智能合约目前还不等同于法律。当智能合约万一出现执行失败的情况时，也没有相应的法律来解决这一问题。毕竟智能合约是由人来编写的代码，没有人敢保证智能合约在执行的过程中绝对不会出现错误。

最后，智能合约的发展依旧面临着各个方面的阻碍。虽然区块链技术的出现为智能合约的发展提供了一次机会，然而这并不代表智能合约以后的发展都可以一帆风顺。基于目前的状况来看，智能合约的执行主体还是停留在与区块链技术相关的数字资产之上，而区块链技术的不成熟，以及数字资产的稀缺都限制了智能合约的发展与应用。区块链技术的不成熟，导致了智能合约发展的不成熟，而区块链技术在未来发展中可能存在的问题，也为智能合约埋下了许多未知的隐患。在没有把区块链技术与智能合约研究透彻之前，也没有人敢大规模地把智能合约真正地应用起来。在大多数情况下，智能合约只是用在一些试验中。

由此可以看出，想要广泛地运用智能合约，就必须为智能合约构建一个完善的、以区块链技术为底层的系统。即使目前智能合约能给人带来诸多便利，但由于它的不成熟，也注定了它还需要走很长的一段路才能彻底走进人类的生活中。但是，即便目前的智能合约在发展上还存在着许多挑战，也不能阻止人们对智能合约在未来应用上的期待。

智能合约在今后的发展中，可能会在一定程度上改变人类社会各个行业的结构。因为智能合约已经借由区块链技术在全球金融体系中埋下了种子，传统意义上的合约已经不能满足人们的需求，只要有一个合适的机会，智能合约就会蓬勃发展起来，并被应用到各个领域。到时候针对不同的需求，会产生更多不同的智能合约程序来满足人们，而智能合约目前的缺点也会被逐渐解决。

4. 侧链技术

侧链（Sidechain）技术实质上就是一种特殊的区块链技术。它使用了特殊的楔入方法——双向楔入，实现了侧链与主链之间信息资源的互相转化，因此侧链技术又叫楔入式侧链技术。假如主链上的资源是比特币，侧链上的是除比特币以外的其他信息资源，那么通过主链与侧链的特殊对接，就可以实现两种资源互相转化的目的。

因此，侧链技术在某些程度上为区块链技术带来了重大意义。

首先，侧链技术使比特币在交易方面产生了重大的突破。侧链技术使比特币不再局限于一个区块链，而是可以流通到其他区块链上，进而使比特币的应用范围变得更加广阔。而且，如果想实现每个数字货币之间自由的流通转换，就需要依赖侧链技术来使它们对接。

其次，侧链技术拥有相对的独立性。当主链以外的其他区块链出现问题的时候，侧链技术就可以避免主链因为碰到这些问题而发生错乱。因为侧链相对于主链而言，就像是另外一个"分布式账本"，虽然它们用一种特殊的方式彼此对接，但是，即使侧链没有主链，它也可以独立运行。

再次，侧链技术拥有相对的灵活性。因为在区块链技术的应用中，并不是每个领域都需要非常严谨的"主链"。因此，可以针对不同领域的需求来定制不同的侧链。根据研发者量身定制的侧链，不仅可以更好地配合研发者的需求，还可以避免在研发过程中可能对主链产生的潜在威胁。

最后，侧链技术还可以避免主链的失控。因为区块链技术是一项"线型"的技术，所有的"区块"在不断连接的过程中会形成一条线。随着"区块"无限制地增长，主链逐渐变得难以控制。

侧链技术就可以避免主链无限制的衍生。使用侧链技术来扩展存储容量，不仅减轻了主链的负担，还能够实现人们想要扩容的愿望。

基于侧链技术对区块链技术产生的这些重大意义，侧链技术在未来的发展方向变得更加多元。在 Block Stream 公司发表的《侧链白皮书——用楔入式侧链实现区块链的创新》中，就给出了侧链技术在目前以及未来的四个主要应用——竞争链实验、技术实验、经济实验、资产发行。

竞争链实验，简单地说，就是在比特币主链的基础之上创造一条竞争链，这条链的资源来源于主链。但是，一定要注意不能混淆竞争币与竞争链的概念。所谓的竞争币是在比特币开源项目的基础上修改比特币的源代码，使用区块链的技术产生的新数字货币；而竞争链上的资源则不一定是数字货币，它还可能包含着其他信息，但是它与比特币主链进行对接的时候，可以实行主链上的比特币与自身信息的转换。

技术实验，就是利用了侧链技术的独立性与灵活性。比如，当要转移比特币的时候，就可以利用侧链来对比特币进行临时性的转移，利用侧链技术不仅避免了创造一条可以产生新数字货币链的麻烦，还间接保护了比特币主链的安全。

经济实验，则是在侧链技术的基础之上，为人们带来另一种奖励。其中运输币（Freicoin）首次使用了这种办法。众所周知，比特币的产生是由于"矿工"们挖矿带来的奖励，而中本聪在设计的时候为了避免挖矿带来过分的"通货膨胀"，为比特币设计了 2100 万的上限，并且随着挖掘比特币数量的增多，挖矿获得的比特币也会越来越少。而运输币则在侧链技术的基础上想到了"滞期费"。而所谓的"滞期费"在《侧链白皮书》中被给予以下解释：在滞留型（demurring）加密货币中，所有未花费的输出将随着时间推移而减值，减少的价值被矿工重新采集。这在保证货币供给稳定的同时，还能给矿工奖励。与通货膨胀相比，这或许能更好地与用户利益保持一致，因为滞期费的损失是统一制定并即时发生的，不会像通胀那样；它还缓解了因长期未使用的"丢失"币以当前价起死回生可能给经济带来的冲击，在比特币系统中这是一种能意识到的风险。

因此，不同的运输币持有者都会定期自动提交运输币，以保证运输币能够正常流通。运输币的官方网站也发布了推行"滞期费"的说明：消除货币与资本商品相比拥有的特权地位，这种地位是造成繁荣/萧条的商业周期以及金融精英势力的根本原因。

资产发行，则利用了侧链也可以产生新数字货币，而后将自己的货币与主链上的货币进行转换的特点。侧链技术在资产发行方面并不仅限于数字货币，还可以产生其他的资源信息，从而实现在已有主链资产的情况下创造出更多资产。

侧链技术不仅在竞争链实验、技术实验、经济实验、资产发行上有重大的作用，还可以应用于其他方面。比如，在以比特币为主链的基础上，让侧链发放新数字货币来补贴比特币价值的不稳定；把侧链技术应用于降低数字资产太过集中而带来的风险方面。比如，预防类似 The DAO 事件的发生……

侧链技术在区块链技术上进行延伸，完成了许多区块链技术目前不能执行或者不敢执行的实验项目，还避免了比特币主链被其他数字货币打压的风险。虽然侧链技术还没有融入广泛的应用中，但是 Block Stream 已经开始在比特币链的基础上，进行大量的侧链实验。

五、数字孪生技术

数字孪生概念是在现有的虚拟制造、数字样机（包括几何样机、功能样机、性能样机）等基础上发展而来的。

数字孪生指充分利用物理模型传感器、运行历史等数据，集成多学科、多物理量、多尺度、多概率的仿真过程，在虚拟空间中完成映射，从而反映相对应的实体装备的全生命周期过程。数字孪生以数字化方式为物理对象创建虚拟模型，模拟其在现实环境中的行为。通过搭建整合制造流程的数字孪生生产系统，能实现从产品设计、生产计划到制造执行的全过程数字化，将产品创新、制造效率和有效性水平提升至一个新的高度。

数字孪生体是指与现实世界中的物理实体完全对应和一致的虚拟模型，可实时模拟其在现实环境中的行为和性能，也称为数字孪生模型。

数字孪生是技术、过程和方法，数字孪生体是对象、模型和数据。

综上所述，产品数字孪生体的实现方法有如下特点：面向产品全生命周期，采用单一数据源实现物理空间和信息空间的双向连接；产品档案要确保产品所有的物料都可以追溯，也要能够实现质量数据（例如实测尺寸、实测加工/装配误差、实测变形）、技术状态（例如技术指标实测值、工艺等）的追溯；在产品制造完成后的服务阶段，仍要实现与产品物理实体的互联互通，从而实现对产品物理实体的监控追踪、行为预测及控制、健康预测与管理等，最终形成一个闭环的产品全生命周期数据管理。

六、数据融合技术

多传感器数据融合（Multi-sensor Data Fusion，MSDF），简称数据融合，也称多传感器信息融合（Multi-sensor Information Fusion，MSIF），是利用计算机技术对时序获得的若干感知数据，在一定准则下加以分析、综合，以完成所需决策和评估任务而进行的数据处理过程。

伴随着电子技术、信号检测与处理技术、计算机技术、网络通信技术以及控制技术的飞速发展，数据融合已被应用在多个领域，在现代科学技术中的地位也日渐突出。目前，工业控制、机器人、空中交通管制、海洋监视和管理等领域也向着多传感器数据融合方向发展，加之物联网的提出和发展，数据融合技术将成为数据处理等相关技术开发所关心的重要问题之一。

数据融合技术的研究与发展主要包括以下几个方面。

（1）确立数据融合理论标准和系统结构标准。

（2）改进融合算法，提高系统性能。

（3）数据融合时机确定。

（4）传感器资源管理优化，针对具体应用问题，建立数据融合中的数据库和知识库，研究高速并行推理机制，是数据融合及管理技术工程化及实际应用中的关键问题。

（5）建立系统设计的工程指导方针，研究数据融合及管理系统的工程实现。

（6）建立测试平台，研究系统性能评估方法。

数据融合中心对来自多个传感器的信息进行融合，也可以将来自多个传感器的信息和人机界面的观测事实进行信息融合（这种融合通常是决策级融合），提取征兆信息，在推理机作用下将征兆与知识库中的知识匹配，做出故障诊断决策，提供给用户。在基于信息融合的故障诊断系统中可以加入自学习模块，故障决策经自学习模块反馈给知识库，并对相应的置信度因子进行修改，更新知识库。同时，自学习模块能根据知识库中的知识和用户对系统提问的动态应答进行推理，以获得新知识，总结新经验，不断扩充知识库，实现专家系统的自学习功能。

随着系统的复杂性日益增强，依靠单个传感器对物理量进行监测显然限制颇多。因此，需要在故障诊断系统中使用多传感器技术进行多种特征量（如振动、温度、压力、流量等）的监测，并对这些传感器的信息进行融合，以提高故障定位的准确性和可靠性。此外，人工的观测也是故障诊断的重要信息源。但是，这一信息来源往往由于难以量化或不够精确而被人们所忽略。信息融合技术的出现为解决这些问题提供了有力的工具，为故障诊断的发展和应用开辟了广阔的前景。通过信息融合将多个传感器检测的信息与人工观测事实进行科学、合理的综合处理，状态监测和故障诊断的智能化程度得以提高。

复杂工业过程控制是数据融合应用的一个重要领域。通过时间序列分析、频率分析、小波分析，特征数据得以从传感器的信息中提取出，同时，这些特征数据被输入神经网络模式识别器，进行特征层数据融合，以识别出系统的特征数据，并输入模糊专家系统进行决策层融合。专家系统推理时，从知识库和数据库中取出领域规则和参数，与特征数据进行匹配（融合）。最后，决策判断被测系统的运行状态、设备工作状况和故障状况。

第二章 智能制造系统

第一节　智能制造系统体系架构

智能制造简称智造，源于人工智能的研究成果，是一种由智能机器和人类专家共同组成的人机一体化智能系统。该系统在制造过程中可以进行诸如分析、推理、判断、构思和决策等智能活动，同时基于人与智能机器的合作，扩大、延伸并部分地取代人类专家在制造过程中的脑力劳动。智能制造更新了自动化制造的概念，使其向柔性化、智能化和高度集成化扩展。

一、IMS 的总体架构

目前，国内制造业自主创新能力薄弱，智能制造基础理论和技术体系建设滞后，高端制造装备对外依存度还较高，关键智能控制技术及核心基础部件主要依赖进口，智能制造标准规范体系也尚不完善。智能制造顶层参考框架还不成熟，完整的智能制造顶层参考框架尚没有建立，智能制造框架逐层逻辑递进关系尚不清晰。

智能制造系统架构主要从生命周期、系统层级和智能功能三个维度进行构建。其中生命周期是由设计、生产、物流、销售、服务等一系列相互联系的价值创造活动组成的链式集合；系统层级自上而下分为协同层、企业层、车间层、单元层和设备层；智能功能则包括资源要素、系统集成、网络互联、信息融合和新兴业态五个层次。通过研究各类智能制造应用系统，我们提取其共性抽象特征，构建一个从上到下分别是管理层（含企业资源计划与产品全生命周期管理)、制造执行层、网络层、感知层及现场设备层五个层次的智能制造系统层级架构。

系统层级的体系结构及各层的具体内容简要描述如下:

(一)协同层

协同层的主要内容包括智能管理与服务、智能电商、企业门户、销售管理及供应商选择与评价、决策投资等。其中智能管理与服务是利用信息物理系统(Cyber Physical System, CPS),全面地监管产品的状态及产品维护,以保证客户对产品的正常使用,通过产品运行数据的收集、汇总、分析,改进产品的设计和制造。而智能电商是根据客户订单的内容分析客户的偏好,了解客户的习惯,并根据订单的商品信息及时补充商品的库存,预测商品的市场供应趋势,调控商品的营销策略,开发新的与销售商品有关联的产品,以便开拓新的市场空间。协同层将客户订购(含规模化定制与个性化定制)的产品通过智能电商与客户及各协作企业交互沟通后,将商务合同信息、产品技术要求及问题反馈给管理层的ERP系统处理。

(二)管理层

智能制造系统的管理层,位于总体架构的第二层,其主要功能是实现智能制造系统资源的优化管理。该层分为智能经营、智能设计与智能决策三部分,其中智能经营主要包括企业资源计划(ERP)、供应链管理(SCM)、客户关系管理(CRM)及人力资源管理等系统;智能设计则包括CAD/CAPP/CAM/CAE/PDM等工程设计系统、产品生命周期管理(PLM)、产品设计知识库、工艺知识库等;智能决策则包括商业智能、绩效管理、其他知识库及专家决策系统,它利用云计算、大数据等新一代信息技术能够实现制造数据的分析及决策,并不断优化制造过程,实现感知、执行、决策、反馈的闭环。为了实现产品的全生命周期管理,本层PLM必须与SCM系统、CRM系统及ERP系统进行集成与融合,SCM系统、CRM系统及ERP系统在统一的PLM管理平台下协同运作,实现产品设计、生产、物流、销售、服务与管理过程的动态智能集成与优化,打造制造业价值链。该层的ERP系统将客户订购定制的产品信息交由 CAD/CAE/CAPP/CAM/PDM 系统、财务与成本控制系统、供应链管理（SCM）系统和客户关系管理（CRM）系统进行产品研发、成本控制、物料供给的协同与配合，并维护与各合作企业、供应商及客户的关系；产品研发制造工艺信息、物料清单（BOM）、加工工艺、车间作业计划交由底层的制造执行层的制造执行系统（MES）执行。此外，该层获取下层制造执行层的制造信息进行绩效管理，同时将高层的计划传递给下层进行计划分解与执行。

（三）制造执行层

该层负责监控制造过程的信息，并进行数据采集，将其反馈给上层 ERP 系统，经过大数据分析系统的数据清洗、抽取、挖掘、分析、评估、预测和优化后，将优化后的指令或信息发送至现场设备层精准执行，从而实现 ERP 与其他系统层级的信息集成与融合。

（四）网络层

该层首先是一个设备之间互联的物联网。由于现场设备层及感知层设备众多，通信协议也较多，有无线通信标准（WIA-FA）、RFID 的无线通信技术协议 ZigBee，针对机器人制造的 ROBBUS 标准及 CAN 总线等，目前单一设备与上层主机之间的通信问题已得到解决，而设备之间的互联问题和互操作性问题尚没有得到根本解决。工业无线传感器 WIA-FA 网络技术，可实现智能制造过程中生产线的协同和重组，为各产业实现智能制造转型提供理论和装备支撑。

（五）感知层

该层主要由 RFID 读写器、条码扫描枪、各类速度、压力、位移传感器、测控仪等智能感知设备构成，用来识别及采集现场设备层的信息，并将设备层接入上层的网络层。

（六）现场设备层

该层由多个制造车间或制造场景的智能设备构成，如 AGV 小车、智能搬运机器人、货架、缓存站、堆垛机器人、智能制造设备等，这些设备提供标准的对外读写接口，将设备自身的状态通过感知层设备传递至网络层，也可以将上层的指令通过感知层传递至设备进行操作控制。

智能制造系统中架构分层的优点如下：

（1）智能制造系统是一个十分复杂的计算机系统，采取分层策略能将复杂的系统分解为小而简单的分系统，便于系统的实现。

（2）随着业务的发展及新功能集成进来，便于在各个层次上进行水平扩展，以减少整体修改的成本。

（3）各层之间应尽量保持独立，减少各个分系统之间的依赖，系统层与层之间可采用接口进行隔离，达到高内聚、低耦合的设计目的。

（4）各个分系统独立设计，还可以提高各个分系统的重用性及安全性。

在 IMS 的六个层次中，智能制造系统之间存在信息传递关系，以智能经营为主线，将智能设计、智能决策及制造执行层集成起来，最终实现协同层的客户需求及企业的生产目标。企业资源计划 ERP 是 IMS 的中心，属于智能经营范畴，处于制造企业的高层。ERP 是美国 Gartner Group 公司于 20 世纪 90 年代初提出的概念，是在制造资源计划（Manufacturing Resource Planning, MRP）的基础上发展起来的，其目的是为制造业企业提供销售、生产、采购、财务及售后服务整个供应链上的物流、信息流、资金流、业务流的科学管理模式。

ERP 系统的主要功能包括销售管理、采购管理、库存管理、制造标准、主生产计划（Master Production Schedule, MPS）、物料需求计划（Material Requirement Planning, MRP）、能力需求计划（Capacity Requirement Planning, CRP）、车间管理、准时生产管理（Just In Time, JIT）、质量管理、财务管理、成本管理、固定资产管理、人力资源管理、分销资源管理、设备管理、工作流管理及系统管理等，其核心是 MRP。

在 IMS 中 ERP 与时俱进，不断适应知识经济的新的管理模式和管理方法。如敏捷制造、虚拟制造、精益生产、网络化协同制造、云制造及智能制造等不断融入 ERP 系统。以 ERP 为核心衍生出的供应链管理、客户关系管理、制造执行系统也较好地补充了新的需求，互联网、物联网、移动应用、大数据技术等在 ERP 系统中不断加强。如今企业内部应用系统 ERP 与知识管理（Knowledge Management，KM）、办公自动化（Office Automation，OA）日益交互，已经成为密不可分的一个集成系统。产品数据管理（Product Data Management，PDM）、先进制造技术（Advanced Manufacturing Technology，AMT）与 ERP 的数据通信及集成度也不断加强。供应链、CRM、企业信息门户（Enterprise Information Portal，EIP）等处于内部信息与外部互联网应用的结合处，使得面向互联网应用，如电子商务、协同商务与企业信息化日益集成构建了全面信息集成体系（Enterprise Application Integration，EAI），这些变化形成了 ERP Ⅱ 系统。

二、IMS 涉及的若干关键技术

（一）无线射频技术（RFID）

近年来，趋于成熟的 RFID 技术是一种非接触式自动识别技术，它通过无线射频信号自动识别制造车间中的移动对象，如物料、运输小车、机器人等。RFID 从其读取方式、读取范围、信息储量及工作环境等方面，可取代传统的条码技术。RFID 可实现动态快速、高效、安全的信息识别和存储，其在制造业中应用较广泛。

RFID 射频卡具有体积小、非接触式、重复使用、复制仿造困难、安全性高、适应恶劣环境、多标签同时识别读写、距离远速度快等诸多优点。一个基本的 RFID 系统由射频卡（标签）、射频阅读器、射频天线及计算机通信设备等组成。其中射频卡是一种含有全球唯一标识的标签，标签内含有无线天线和专用芯片。按供电方式分为有源标签及无源标签；按载波频率分为低频、中频及高频，其中低频主要适合于车辆管理等，中频主要应用于物流、智能货架等，而高频应用于供应链、生产线自动化、物料管理等；按标签数据读写性可分为只读卡及读写卡。射频阅读器也称读卡器，通过 RS232 等总线与通信模块相连，其功能是提供与标签进行数据传输的接口，对射频卡进行读写操作，通过射频天线完成与射频卡的双向通信；在射频卡及阅读器中都存在射频天线，两种天线必须相互匹配。天线的性能与频率、结构及使用环境密切相关。通信设备一般采用ZigBee无线通信协议，以满足低成本、低功耗无线通信网络需求。ZigBee模块有主副之分，一个主模块可与一个或多个副模块自动构建无线网络，其中主模块可与计算机相连，来实现主从模块间点对多点的无线数据传输。

RFID系统的工作原理是阅读器通过发射天线发送一定频率的射频信号，当附有射频卡的物料进入发射天线工作区域时产生感应电流激活射频卡，射频卡将自身编码等信息的载波信号通过卡的内置发送天线发出，由系统接收天线接收，经天线调节器传送到阅读器，阅读器对接收的信号进行解调和解码，通过无线通信副模块传至通信主模块所在的RFID控制器进行相关处理；控制器根据逻辑运算判断该卡的合法性，做出相应的处理和控制，完成系统规定的功能。根据RFID的原理及特点，将RFID读写器放置在智能制造系统的感知层，而将电子标签放置在现场设备层，将RFID控制器放置在高层的制造执行层，高层的控制器与底层的感知层通过网络层的ZigBee模块进行网络通信，完成对现场相应设备的控制。当然现场设备层还配置较多的各类传感器，连同RFID及无线通信网络，共同完成物理制造资源的互联、互感，确保制造过程多源信息的实时、精确和可靠的获取。

（二）智能机床

智能机床就是对制造过程能够做出决策的机床。它通过各类传感器实时监测制造的整个过程，在知识库和专家系统的支持下，进行分析和决策，控制、修正在生产过程中出现的各类偏差。数控系统具有辅助编程、通信、人机对话、模拟刀具轨迹等功能。未来的智能机床会成为工业互联网上的一个终端，具有与信息物理系统CPS联网的功能。对机床故障能进行远程诊断，能为生产提供最优化方案，并能实时计算出所用切削刀具、主轴、轴承和导轨的剩余寿命。

智能机床一般具有如下特征。

1. 人机一体化特征

智能机床首先是人机一体化系统，它将人、计算机、机床有机地结合在一起。机器智能与人的智能将真正地集成在一起，互相融合，保证机床高效、优质和低耗运行。

2. 感知能力

智能机床与数控机床的主要区别在于智能机床具有各种感知能力，通过力、温度、振动、声、能量、液、工件尺寸、机床部件位移、身份识别等传感器采集信息，作为分析、决策及控制的依据。

3. 知识库和专家系统

为了智能决策和控制，除了有关数控编程的知识库、智能化数控加工系统及专家系统外，还要建立故障知识库和分析专家系统、误差智能补偿专家系统、3D防碰撞控制算法、在线质量检测与控制算法、工艺参数决策知识、加工过程数控代码自动调整算法、振动检测与控制算法、刀具智能检测与使用算法以及加工过程能效监测与节能运行等。

4. 智能执行能力

在智能感知、知识库和专家系统支持下进行智能决策。决策指令通过控制模块确定合适的控制方法，产生控制信息，通过NC控制器作用于加工过程，以达到最优控制，实现规定的加工任务。

5. 具有接入CPS的能力

智能机床要具备接入工业互联网的能力，实现物物互联。在CPS环境下实现机床的远程监测、故障诊断、自修复、智能维修维护、机床运行状态的评估等。同时，具有和其他机床、物流系统组成柔性制造系统的能力。

（三）智能机器人

1. 智能机器人定义

智能机器人是智能产品的典型代表。智能机器人至少要具备以下3个要素：一是感觉要素，用来认识周围环境状态；二是运动要素，对外界做出反应性动作；三是思考要素，根据感觉要素所得到的信息，思考采用什么样的动作。

智能机器人与工业机器人的根本区别在于，智能机器人具有感知功能与识别、判断及规划功能。工业智能机器人最显著的智能特征是对内和对外的感知能力。外部环境智能感知系统由一系列外部传感器（包括视觉、听觉、触觉、接近觉、力觉和红外、超声及激光等）进行传感信息处理，从而实现控制与操作。如碰撞传感器、远红外传感器、光敏传感器、麦克风、光电编码器、超声传感器、连线测距红外传感器、温度传感器等。而内部智能感知系统主要是用来检测机器人本身状态的传感器，包括实时监测机器人各运动部件的各个坐标位置、速度、加速度、压力和轨迹等，监测各个部件的受力、平衡、温度等。多种类型的传感器获取的传感信息必须进行综合、融合处理，即传感器融合。传感器的融合技术涉及神经网络、知识工程、模糊理论等信息检测、控制领域的新理论和新方法。

2. 专家系统与智能机器人

智能控制系统的任务是根据机器人的作业指令程序及从外部、内部传感器反馈的信号，经过知识库和专家系统去辨识，应用不同的算法，发出控制指令，支配机器人的执行机构去完成规定的运动和决策。

如何分析处理这些信息并做出正确的控制决策，需要专家系统的支持。专家系统解释从传感器采集的数据，推导出机器人状态描述，从给定的状态推导并预测可能出现的结果，通过运行状态的评价，诊断出系统可能出现的故障。按照系统设计的目标和约束条件，规划设计出一系列的行动，监视所得的结果与计划的差异，提出系统正确运行的方法。

3. 智能机器人的学习能力

智能制造系统对机器人要求较高，机器人要能在动态多变的复杂环境中，完成复杂的任务，其学习能力显得极为重要。通过学习不断地调节自身，在与环境交互过程中抽取有用的信息，从而逐渐认识和适应环境。通过学习可以不断提高机器人的智能水平，使其能够应对复杂多变的环境。因此，学习能力是机器人系统中应该具备的重要能力之一。

4. 接入工业互联网的能力

智能机器人在未来要成为工业互联网的一个终端，因此要具有接入工业互联网的能力。通过接入互联网，实现机器人之间，机器人与物流系统、其他应用系统之间的集成，实现物理世界与信息世界之间的集成。智能机器人处于智能制造系统架构生命周期的生产环节、系统层级的现场设备层级和制造执行层级，同时属于智能功能的资源要素之一。

第二节　智能制造系统调度控制

一、调度控制问题

从控制理论的角度看，调度控制该系统是一个基于状态反馈的自动控制系统，见图 1。调度控制器的输入信息 R 为来自上级的生产作业计划、设计要求和工艺规程，反馈信息 X 为生产现场的实际状态。调度控制器根据输入信息和反馈信息进行实时决策，产生控制信息 U（即调度控制指令）。制造过程在调度控制指令的控制下运行，克服外界扰动 D 的影响，生产出满足输入信息要求的产品 C。

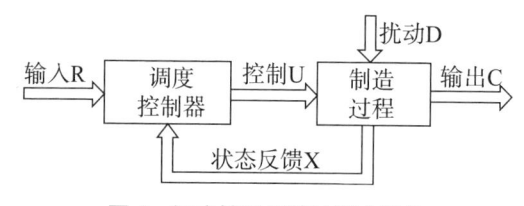

图 1　调度控制系统的基本结构

解决调度控制问题的难点主要体现在：

（1）现代制造系统中的调度控制属于实时闭环控制，对信息处理与计算求解的实时性要求很高；

（2）被控对象是特殊的非线性动力学系统——离散事件动态系统（DEDS），难以建模；

（3）没有根据被控对象设计调度控制器的有效理论方法；

（4）系统处于具有强烈随机扰动的环境中，扰动 D（如原材料、毛坯供应突变，能源供应异常变化，资金周转出现意外情况等）对系统运行的影响极大。

目前虽然还难以对制造系统的调度控制问题，特别是对动态调度控制问题全面求出最优解，但经过大量学术研究和生产实践，已经找到一些在某些特殊情况下求解最优解的方法。此外，对于一般性的调度控制问题，亦找到许多求其可行解的方法。其中，具有代表性的有以下几种：

（1）基于排序理论的调度方法，如流水排序方法、非流水排序方法等；

（2）基于规则的调度方法，如启发式规则调度方法、规则动态切换调度方法等；

（3）基于离散事件系统仿真的调度方法；

（4）基于人工智能的调度方法，如模糊控制方法、专家系统方法、自学习控制方法等。

二、流水排序调度方法

（一）基本原理与方法

在某些情况下，通过采用成组技术等方法对被加工工件（作业）进行分批处理，可使每一批中的工件具有相同或相似的工艺路线。此时，由于每个工件均需以相同的顺序通过制造系统中的设备进行加工，因此其调度问题可归结为流水排序调度问题，可通过流水排序方法予以解决。

所谓流水排序，其问题可描述为：设有 n 个工件和 m 台设备，每个工件均需按相同的顺序通过这 m 台设备进行加工，要求以某种性能指标最优（如制造总工期最短等）为目标，求出 n 个工件进入系统的顺序。

基于流水排序的调度方法（简称流水排序调度方法），是一种静态调度方法，其实施过程是先通过作业排序得到调度表，然后按调度表控制生产过程运行。如果生产过程中出现异常情况（如工件的实际加工时间与计划加工时间相差太大，造成设备负荷不均匀、工件等待队列过长等），则需重新排序，再按新排出的调度表继续控制生产过程运行。

实现流水排序调度的关键是流水排序算法。目前在该领域的研究已取得较大进展，研究出多种类型的排序算法，概括起来可分为以下几类：

（1）单机排序算法；

（2）两机排序算法；

（3）三机排序算法；

(4) n 机排序算法。

(二)非流水排序调度方法

非流水排序调度方法的基本原理与流水排序调度方法相同，亦是先通过作业排序得到调度表，然后按调度表控制生产过程运行，如果运行过程中出现异常情况，则需重新排序，再按新排出的调度表继续控制生产过程运行。因此，实现非流水排序调度的关键是求解非流水排序问题。

非流水排序问题可描述为：给定 n 个工件，每个工件以不同的顺序和时间通过 m 台机器进行加工，要求以某种性能指标最优（如制造总工期最短等）为目标，求出这些工件在 m 台机床上的最优加工顺序。

非流水排序问题的求解比流水排序的难度大，到目前为止还没有找到一种普遍适用的最优化求解方法。

(三)基于规则的调度方法

1. 基本原理

基于规则的调度方法（以下简称为规则调度方法）的基本原理是：针对特定的制造系统设计或选用一定的调度规则，系统运行时，调度控制器根据这些规则和制造过程中某些易于计算的参数（如加工时间、交付期、队列长度、机床负荷等）确定每一步的操作（如选择一个新零件投入系统、从工作站队列中选择下一个零件进行加工等），由此实现对生产过程的调度控制。

2. 调度规则

实现规则调度方法的前提是必须有适用的规则，由此推动对调度规则的研究。目前研究出的调度规则已达 100 多种。这些规则概括起来可分为 4 类，即简单优先规则、组合优先规则、加权优先规则和启发式规则。

（1）简单优先规则

简单优先规则是一类直接根据系统状态和参数确定下一步操作的调度规则。这类规则的典型代表有以下几种：

① 先进先出（First In First Out，FIFO）规则：根据零件到达工作站的先后顺序来执行加工作业，先来的先进行加工。

②最短加工时间（Shortest Processing Time，SPT）规则：优先选择具有最短加工时间的零件进行处理。SPT 规则是经常使用的规则，它可以获得最少的在制品、最短的平均工作完成时间以及最短的平均工作延迟时间。

③最早到期日（Earliest Due Date，EDD）规则：根据订单交货期的先后顺序安排加工，即优先选择具有最早交付期的零件进行处理。这种方法在作业时间相同时往往效果较好。

④最少作业数（Fewest Operation，FO）规则：根据剩余作业数来安排加工顺序，剩余作业数越少的零件越先加工。这是考虑到较少的作业数意味着有较少的等待时间。因此使用该规则可使平均在制品少、制造提前和平均延迟时间较少。

⑤下一队列工作量（Work In Next Queue，WINQ）规则：优先选择下一队列工作量最少的零件进行处理。所谓下一队列工作量是指零件下一工序加工处的总工作量（加工和排队零件工作量之和）。

⑥剩余松弛时间（Slack Time Remained，STR）规则：剩余松弛时间越短的越先加工。剩余松弛时间是将在交货期前所剩余的时间减去剩余的总加工时间所得的差值。

（2）组合优先规则

组合优先规则是根据某些参数（如队列长度等）交替运用两种或两种以上简单优先规则对零件进行处理的复合规则。例如，FIFO/SPT 就是 FIFO 规则和 SPT 规则的组合，即当零件在队列中等待时间小于某一设定值时，按 SPT 规则选择零件进行处理；若零件等待时间超过该设定值，则按 FIFO 规则选择零件进行处理。

（3）加权优先规则

加权优先规则是通过引入加权系数对以上两类规则进行综合运用而构成的复合规则。例如，SPT+WINQ 规则就是一个加权规则。其含义是，对 SPT 和 WINQ 分别赋予加权系数和，进行调度控制时，先计算零件处理时间与下一队列工作量，然后按照和对其求加权和，最后选择加权和最小的零件进行处理。

(4）启发式规则

启发式规则是一类更复杂的调度规则，它将考虑较多的因素并涉及人类智能的非数学方面。例如，Alternate Operation 规则的一条启发式调度规则，其决策过程如下：如果按某种简单规则选择了一个零件而使得其他零件出现"临界"状态（如出现负的松弛时间），则观察这种选择的效果；如果某些零件被影响，则重新选择。

一些研究结果表明，组合优先规则、加权优先规则和启发式规则相较简单优先规则有较好的性能。例如，组合优先规则 FIFO/SPT 可以在不增加平均通过时间的情况下有效减小通过时间方差。

3. 规则调度方法的优缺点分析

（1）优点：计算量小，实时性好，易于实施。

（2）缺点：该方法不是一种全局最优化方法。一种规则只适应特定的局部环境，没有任何一种规则在任何系统环境下的各种性能上都优于其他规则。

例如，SLACK 规则虽然能使调度控制获得较好的交付期性能（如延期时间最小），但却不能保证设备负荷平衡度、队列长度等其他性能指标最优。这样，当设备负荷不平衡造成设备忙闲不均而影响到生产进度时，便会反过来影响交付时间。同样，由于制造系统中缓冲容量是有限的，如果队列长度指标恶化，很容易造成系统堵塞，反过来也会影响交付时间。

因此，基于规则的调度方法难以适用于更广泛的系统环境，更难以适用于动态变化的系统环境。

4. 规则动态切换调度控制系统

由以上讨论可知，静态、固定地应用调度规则不易获得好的调度效果，为此应根据制造系统的实际状态，动态地应用多种调度规则来实现调度控制。由此构成的调度控制系统称为规则动态切换调度控制系统。下面介绍这类系统的实现方法。

（1）系统原理

规则动态切换调度控制系统的实现原理是：根据制造系统的实际情况，确定适当调度规则集，并设计规则动态选择逻辑和相关的计算决策装置。系统运行时，根据实际状态，动态选择规则集中的规则，通过实时决策实现调度控制。

（2）实现框图

动态选择模块是一个逻辑运算装置，可根据输入指令和系统状态，动态选择规则集中的某一条规则。计算决策模块的作用是根据被选中的规则计算每一候选调度方案对应的性能准则值，然后根据准则值的大小做出选择调度方案的决策，并向制造过程发出相应的调度控制指令。

（四）基于仿真的调度方法

1. 基本原理

计算机仿真系统的作用是用离散事件仿真模型模拟实际的制造系统，从而使制造系统的运行过程用仿真模型（以程序表示）在计算机中的运行过程进行描述。当调度控制器（其功能可由人或计算机实现）要对制造系统发出实际控制作用前，先将多种控制方案在仿真模型上模拟，分析控制作用的效果，并从多种可选择的控制方案中选择出最佳控制方案，然后以这种最佳控制方案实施对制造系统的控制。由此可见，基于仿真的调度方法实质上是一种以仿真作为制造系统控制决策的决策支持系统、辅助调度控制器进行决策优化、实现制造系统优化控制的方法。

基于仿真的调度控制系统的运行过程为：当调度控制器接收到来自上级的输入信息（作业计划等）和来自生产现场的状态反馈信息后，通过初始决策确定若干候选调度方案，然后将各方案送往计算机仿真系统进行仿真，最后由调度控制器对仿真结果进行分析，做出方案选择决策，并据此生成调度控制指令来控制制造过程运行。

在理论方法还不成熟的情况下，用仿真技术来解决制造系统调度与控制问题的方法得到了广泛的应用。

2. 关键问题

（1）仿真建模

建立能准确描述实际系统的仿真模型是实现仿真调度方法的前提。常用的仿真模型有物理模型、解析模型和逻辑模型。物理模型主要用于物理仿真，由于这种方法需要较大的硬件投资且灵活性小，所以应用较少。解析模型的研究目前还不够成熟，在调度控制仿真中应用也较少，一般多用于制造系统的规划仿真。目前在调度控制仿真中所用的模型主要是逻辑模型。这类模型的典型代表有 Petri 网模型、活动循环图（ACD）模型等。其中 ACD 模型由于便于描述制造系统的底层活动，在制造系统调度仿真中得到较多应用。

（2）实验设计

基于仿真的调度方法的实质是通过多次仿真实验，从可选择的调度控制方案中做出最佳控制方案选择决策的方法。由于可供选择的方案往往很多，如果用穷举法一个一个地进行实验，势必要耗费大量机时，而且这也是制造系统控制的实时性要求所不容许的。因此，如何安排实验（即进行实验设计），以最少的实验次数从可选方案中选择出最佳方案，便成为仿真控制方法的另一重要问题。目前常用的仿真实验设计与结果分析方法有回归分析方法、扰动分析方法、正交设计方法等。

（3）仿真运行

为使仿真模型能在计算机上运行，必须将仿真模型及其运行过程用有效的算法和计算机程序表示出来。对于活动循环图模型来说，可以采用基于最小时钟原则的三阶段离散事件仿真算法。在仿真语言和编程方面，目前可用于制造系统仿真的语言有通用语言（如 C 语言等）、专用仿真语言、仿真软件包等。通用语言的特点是灵活性大，但编程工作量大。专用仿真语言的特点是系统描述容易，编程简单，但柔性不如通用语言大。仿真软件包的特点是使用方便，但柔性小，软件投资较大。

（4）控制决策

控制决策是实现仿真调度方法的最后一环。该环节的任务是对仿真结果进行分析，比较各调度方案的优劣，从中做出最佳选择，并据此生成调度控制指令，通过执行系统（如过程控制系统）控制生产过程的运行。

为使控制决策更有效、更准确，目前一些实际系统中多由人机结合的方式来完成这一任务。

基于仿真的调度方法虽然可在一定程度上解决制造系统的调度控制问题，如静态调度问题，但还存在一些不足之处。问题之一是，该方法的实时性不太理想，这是由于仿真的调度方法需经过一定数量的仿真实验，才能确定最佳方案，而完成这些实验将耗费相当多的时间，从而使控制系统无暇顾及生产现场状态的实时变化，也就难以对变化做出快速响应。另一问题是，面向实时控制的仿真建模是一个相当复杂的工作，建立一个可用于制造系统动态调度仿真的模型往往需要花较长的时间去解决系统动态行为的精确描述问题，而在某些变结构制造系统中，为实现自适应调度控制，需要对系统进行实时动态建模，其难度将更大。

（五）基于人工智能的调度方法

为解决排序调度方法、规则调度方法、仿真调度方法等存在的问题，国内外的许多研究人员对基于人工智能的调度控制方法（简称智能调度方法）进行了深入研究，取得大量研究成果，并在生产实际中得到应用。下面介绍几种典型方法。

1. 规则智能切换控制方法

规则智能切换控制方法是一种将规则调度方法与人工智能技术相结合而产生的一种智能调度方法。其基本原理是根据制造系统的实际情况，确定适当的调度规则集。系统运行时，根据生产过程的实际状态，通过专家系统动态选择规则集中的规则进行调度控制。

2. 规则动态组合控制方法

传统方法难以满足制造系统对综合性能的要求，本节介绍的规则动态组合控制方法为解决这一问题提供了新的途径。该方法的基本思想是通过动态加权调制，同时选取多条调度规则并行进行决策，从而可更加全面地考虑系统的实际状态，有利于实现兼顾各方面要求、使总体性能更优的调度控制。同时，通过该方法可将有限的调度规则转换为无限的调度策略。由于这样的调度策略是连续可调的，因此便于通过模糊控制等方法实现规则数量化控制。

3. 多点协调智能调度控制方法

在现代制造系统，特别是自动化制造系统中，为实现底层制造过程的动态调度控制，往往涉及多个控制点，如工件投放控制、工作站输入控制、工件流动路径控制、运输装置控制等。为实现总体优化，这些控制点的决策必须统一协调进行。为此需采用具有多点协调控制功能的调度控制系统。下面对这类系统的组成和工作原理作简要介绍。

基于多点协调调度控制方法所构成的多点协调调度控制系统由智能调度控制器和被控对象（制造过程）两大部分组成，如图2所示。其中，具有多点协调调度控制功能的智能调度控制器是该系统的核心。该控制器的基本结构如图2中虚线框部分所示。控制知识库和调度规则库是该控制器最重要的组成环节，其中存放着各种类型的调度控制知识和调度规则。工件投放控制、流动路径控制、运输装置控制等 m 个子控制模块，是完成各决策点调度控制的子任务控制器。智能协调控制模块是协调各子任务控制器工作的核心模块。执行控制模块是实施调度命令、具体控制制造过程运行的模块。

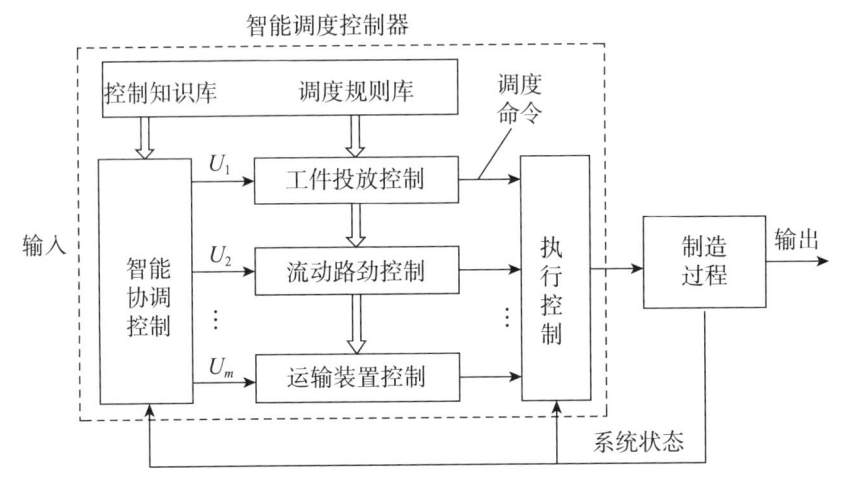

图2　多点协调智能调度控制系统的基本结构

4. 仿真自学习调度控制方法

前面介绍的自学习调度控制系统是以实际的制造系统环境实现自学习控制的。这种学习系统存在的问题是学习周期长，且在学习的初始阶段制造系统效益往往得不到充分发挥。为了提高自学习控制的效果，可进一步将仿真系统与自学习调度控制系统相结合，构成仿真自学习调度控制系统。

该系统的基本原理是通过计算机仿真对自学习控制系统进行训练，从而加速自学习过程，使自学习控制系统在较短时间内达到较好的控制效果。

第三节　智能制造系统供应链管理

一、制造业供应链管理概念

（一）供应链的定义

制造业供应链是一种将供应商、制造商、分销商、零售商直至最终客户（消费者）连成一个整体的功能网链模式，在满足一定的客户服务水平的条件下，为使整个供应链系统成本达到最小，而将供应商、制造商、仓库、配送中心和渠道商有效地组织在一起，共同进行产品制造、转运、分销及销售的管理方法。通过分析供应链的定义，供应链主要包括以下三个方面的内容：

1. 供应链的参与者

主要包括供应商、制造商、分销商、零售商、最终客户（消费者）。

2. 供应链的活动

原材料采购、运输、加工在制品、装配成品、销售商品、进入客户市场。

3. 供应链的四种流

物料流、信息流、资金流及商品流。

供应链不仅是一条资金链、信息链、物料链，还是一条增值链。物料因在供应链上加工、运输等活动而增值，给供应链上的全体成员都带来了收益。

（二）制造业供应链的特征

供应链定义的结构决定了它具有以下主要特征。

1. 动态性

因核心企业或成员企业的战略及快速适应市场需求变化的需要，供应链网链结构中的节点企业经常进行动态的调整（新加入、退出或调整层次），因而供应链具有明显的动态特性。

2.复杂性

供应链上的节点往往由多个不同类型、不同层次的企业构成，因而结构比较复杂。

3.面向用户性

供应链的形成、运作都是以用户为中心而发生的。用户的需求拉动是供应链中物流、资金流及信息流流动的动力源。

4.跨地域性

供应链网链结构中的节点成员超越了空间的限制，在业务上紧密合作，在信息流和物流的推动下，可进一步扩展为全球供应链体系。

5.结构交叉性

某一节点企业可能分属为多个不同供应链的成员，多个供应链形成交叉结构，这无疑增加了协调管理的复杂度。

6.借助于互联网、物联网等信息化技术

供应链正向敏捷化、智能化方向快速发展。

二、智能供应链管理

针对制造业供应链的现状及问题，企业必须对自身的组织机构、业务流程、数据、信息系统进行优化设计，在互联网及物联网的技术支持基础上，建立供应链科学的管控体系及协同商务系统，并建立全价值链的集成平台。

智能供应链管理是一种以多种信息技术、人工智能为支撑和手段的先进的管理软件和技术，它将先进的电子商务、数据挖掘、协同技术等紧密集成在一起，为企业产品策略性设计、资源的策略性获取、合同的有效洽谈以及产品内容的统一管理等过程提供了一个优化的实现双赢的解决方案。

智能供应链系统包括ERP、CRM、SCM、SRM、PM，在智能制造系统的环境下，智能供应链系统以客户为中心，将供应链上的客户、供应商、协作配套厂商、合作伙伴从战略高度进行策划和组织，使其共享利益，共担风险，共享信息。通过信息化手段，实现SRM、ERP、CRM、PM以及整个供应链管理的优化和信息化。这些模块包括供应链计划管理、协同商务管理、库存管理、采购管理、销售管理、生产管理、分销管理、财务成本管理、人力资源管理、设备管理、绩效管理及商业智能等。其中SRM围绕企业采购、外协业务相关的领域，目标是通过与供应商建立长期、紧密的业务关系，并通过对双方资源和竞争优势的整合来共同开拓市场，扩大市场需求和份额，降低产品前期的高额成本，实现双赢的企业管理模式，其具体的功能包括供应商管理（包括供应商准入的管理、供应商评价管理、供应商退出管理）、招投标管理（包括招标管理、投标管理、开标管理）、采购管理（包括采购组织管理、采购业务管理、采购业务分析）、工程管理（包括物料管理、BOM管理、加工中心管理、工艺管理等）及电子商务采购（包括供应商业务管理、采购计划下达、采购订单确认、订单查询、订单变更、发货状态、网上支付、外协供应商管理等）等功能。

供应链管理系统中最重要、应用最困难、成功率最低的是供应链计划与控制及协同商务。

（一）供应链计划与控制

供应链的计划与控制是供应链管理系统的核心，也是智能制造系统中智能经营分支的核心。它由客户的需求计划、项目计划、供应链网络计划、MPS、MRP、JIT、运输计划等构成适应不同生产类型要求的计划控制体系。它的目的是在有限资源（库存、在途、在制、计划政策、储备政策、批量政策、提前期、加工能力等）条件下，根据客户的需求，对企业内外供应链上的成员（供应商、协作配套厂商、合作伙伴、企业内部上下工序车间之间）需求做出合理的安排，最大限度地缩短采购和生产周期，降低库存和在制品资金的占用，提高生产率，降低生产成本，准时供货，快速响应客户需求。

通常情况下，将计划与控制模块分为内部（企业）和外部（合作伙伴）计划两个类型。其中内部计划包括财务计划、销售计划、营销计划、采购计划、生产计划、物流计划、库存计划等；外部计划则包括客户的采购计划、供应商的销售计划、第三方的运输配送计划等。这些不同类型的计划，其拆解和转换涉及不同的职能部门、不同的合作伙伴，还会涉及大量的计算，涉及对每个模块业务的充分理解，如果只由供应链计划部门来完成，将是一件不可能完成的任务，因此做好供应链计划的步骤如下：

1. 需要构建计划之间的"连接器"

不管是内部还是外部计划，计划与计划之间都是相互关联、密切配合的。这种关联有可能是不同层级的，有上一层计划才会有下一层计划，例如财务计划和销售计划；也有可能是同层级的，例如需求计划和供应计划。如果忽视这种关联性，计划之间将缺乏协调、计划数据之间产生矛盾。因此，需要重点关注内部协同计划、外部协同计划两个主要的协同计划，它是内外协同的主线。通过内外协同计划，我们可以把前述计划串起来，形成一个有机的整体，形成唯一的共识计划数据，并让信息在这个有机体里顺畅地流动。

2. 需要构建计划之间的"转换器"

每个计划职能都有其对应的输入和输出，上游计划的输出是下游计划的输入，下游计划的输出又是下下游计划的输入。

3. 需要构建计划之间的"调节器"

计划的调节器，是通过实时的数据监控，对计划执行的效果进行转换、汇总、分析、调整和重新分拆，以适应动态的变化。

优秀的"调节器"具备实时监控、周期调整的能力。实时监控确保了对计划执行效果的掌控，而周期性调整避免了频繁变动对计划体系所造成的不必要的冲击，能够将计划本身所产生的波动降到最低。

计划制订工作是供应链管理中最复杂、最细致也是最有技术含量的工作之一，需要确保数据的一致性、计划的准确性、供应链的协调性、计划变动的灵活性，只有通过构建合适的"连接器""转换器"和"调节器"，才能将供应链上复杂的计划模块连接起来，形成一个有机的整体，最终让所有人都能够以各自不同的视角面对统一的计划体系。

供应链计划随着生产类型的不同而不同。制造业的生产类型分为离散型制造和流程制造两类，其中前者又分为订单生产、多品种小批量生产、大批量生产、大规模定制及再制造生产五种方式。多品种小批量生产将是机械制造业的主要生产模式，适合使用ERP系统制订供应链计划，其他生产类型是在多品种小批量生产模式的基础之上制订供应链计划的。

（二）协同商务

产品协同商务是建立在网络化制造、基于互联网基础之上的系统平台。

其组织视图是一个复杂的网状结构，在该网络中，每个节点实质是一个企业，各个企业必须在核心企业或盟主的统一领导下，彼此协同合作才能完成机遇产品的开发。

产品协同商务可以与 ERP 进行集成，在产品协同商务网络平台的统一调度下，各个合作企业的 ERP 系统的信息能够按照规定的要求提取至系统商务平台中的协同数据库中进行集成，从而实现协同企业高效交互，增强供应链的核心竞争力。

产品协同商务具有如下的特点：

（1）动态性。参与协同的成员企业数量实时编号，考虑到合作企业的选择、确定协作关系，在产品的全生命周期会调用不同的协作实体。

（2）组织结构优化。为实现资源的快速重组，要求合作体具有灵活性、开放性和自主性的组织结构，不适合使用传统的树形金字塔结构和扁平化的组织结构。

（3）业务类型以市场订单或者市场机遇为驱动力，保证组建的协同网络中合作体的资源满足市场机遇产品的生产要求。

（4）分散性。参与合作体的实体群在地理位置上是分散的，需要互联网环境的支撑及数据交换标准的制订。

（5）协同性。协同关系反映在企业内部的协同、企业之间的协同以及企业与其他组织的协同。

（6）竞争性。合作体成员之间既合作又竞争，此外合作体与其他合作体之间也存在群体之间的竞争，合作体内部也存在类似资源的竞争。

（7）知识性。协同商务链是协同商务发展的方向，其特征是具有知识流、物流、信息流、资金流，其中知识流是指协同商务企业可以与知识机构，如科研院所等进行协同。协同的内容包括知识的描述、知识的建模、知识的存储、知识的使用及知识的优化等。

（三）系统商务集成平台的技术架构

系统商务集成平台是将具有共同利益的实体通过网络进行协同的分布式服务平台。显然平台的构建需要分布式计算技术。目前适用于分布式计算的方式较多，如中间件（包括 CORBA、EJB、DCOM 等）和 Web Service 等，可以根据实际需要选择合适的分布式计算技术或者进行组合。

三、多智能体在供应链中的应用

随着企业信息化和业务数字化应用的日益深入，特别是线上业务和网络经营范围的不断扩大，信息的处理规模、关系网络的复杂性以及供需的动态特征等因素已经成为供应链管理的难题。

多智能体（Multi Agent，MA）技术具有分布性、自治性、移动性、智能性和自主学习性等优点，比较适用于跨越企业边界的、处于复杂环境的供应链管理，进而满足企业间可整合、可扩展的需求，集成供应链上各个节点企业的核心能力和价值创造能力，强化供应链的整体管理水平和竞争力。基于MA技术构建的供应链管理系统，能充分发挥其在链网式组织模式中的经营管理、辅助决策和协同优化功效，具有智能化效用。

（一）Agent 结构类型

Agent 的结构由环境感知模块、执行模块、信息处理模块、决策与智能控制模块以及知识库和任务表组成。其中环境感知模块、执行模块和通信模块负责与系统环境和其他 Agent 进行交互，任务表为该 Agent 所要完成的功能和任务；信息处理模块负责对感知和接收的信息进行初步的加工、处理和存储；决策与智能控制模块是赋予 Agent 智能的关键部件，它运用知识库中的知识，对信息处理模块处理所得到的外部环境信息和其他 Agent 的通信信息进行进一步的分析、推理，为进一步的通信或从任务表中选择适当的任务供执行模块执行做出合理的决策。

（二）多智能体系统（Multi-agent System，MAS）及其特征

MAS 是由多个相互联系、相互作用的自治 Agent 组成的一个较为松散的多 Agent 联盟，多个 Agent 能够相互协同、相互服务、共同完成某一全局性目标，显然 MAS 是一种分布式自主系统。MAS 系统具有的特征如下：

（1）每个 Agent 都拥有解决问题的不完全的信息或能力。

（2）每个 Agent 之间相互通信、相互学习、协同工作，构成一个多层次、多群体的协作结构，使整个系统的能力大大超过单个 Agent。

（3）MAS 中各 Agent 成员自身目标和行为不受其他 Agent 成员的限制。

（4）MAS 中的计算是分布并行、异步处理的，因此性能较好。

（5）MAS 把复杂系统划分成相对独立的 Agent 子系统，通过 Agent 之间的合作与协作来完成对复杂问题的求解，简化了系统的开发。

（三）多 Agent 供应链管理系统概述及构成

多 Agent 供应链管理系统是在传统的供应链管理系统里，嵌入多 Agent 技术，赋予供应链管理智能，使企业主体的业务建模、量化分析、知识管理和决策支持等任务由 Agent 承担，实现动态的合作体与信息共享。其核心策略是根据优势互补的原则建立多个企业的可重构、可重用的动态组织集成方式以支持供应链管理的智能化，并满足顾客需求的多样化与个性化，实现敏捷供应链管理智能集成体系。

供应链管理系统中的供应商、制造单位、客户、销售和产品管理等均具备独立的 Agent 的特征，因此制造企业的供应链网络中的人、组织、设备间的合作交互、共同完成任务的各种活动可以描述为 Agent 之间的自主作业活动。基于 MAS 的供应链管理系统的结构有两种 Agent 类型，一种是业务 Agent，另一种是中介 Agent，并且中介 Agent 作为系统的协调器，不仅可以将各个业务 Agent 相互联系起来，进行协同工作，还具有一定的学习能力，即它可以通过 Agent 的协同工作来获取经验和知识。

根据多 Agent 供应链各节点的功能，可将这些节点划分为供应商 Agent、采购 Agent、原材料库存 Agent、生产计划 Agent、制造 Agent、产品库存 Agent、订单处理 Agent、运输 Agent 及分销商 Agent 等。

（四）多 Agent 供应链管理系统架构

MAS 供应链管理系统架构的组成包括以客户为中心的 Agent、以产品为中心的 Agent、以供应商为中心的 Agent、以物流为中心的 Agent 四个部分。其中以客户为中心的 Agent 主要负责处理客户信息管理；以产品为中心的

Agent 负责利用客户信息分析客户在什么时候需要何种产品；以供应商为中心的 Agent 负责为原材料和组件选择更好的供应商；以物流为中心的 Agent 负责为制造商调度材料和产品。每个 Agent 在整个供应链中都独立地承担一个或多个职能，同时每个 Agent 都要协调自己与其他 Agent 的活动。

（五）多 Agent 供应链管理系统的协同机制

在一个具有动态性、交互性和分布性的供应链中，各合作体之间的协同机制十分重要，一般采用合同网协议实现。基于合同网的协议是一种协同机制，供应链中各合作体使用它进行合作，完成任务的计划、谈判、生产、分配等。整个申请过程可以在互联网平台上完成。供应链合作伙伴之间的通信顺序如下：

（1）生产商通过供应商 Agent 向所有潜在供应商提供外部订单。

（2）接收外部订单后，潜在供应商做出投标决策。

（3）如果供应商决定投标，实施投标申请。

（4）供应商投标在供应商接口代理平台上进行。

（5）接收投标申请之后，制造商将会通过供应商管理 Agent 对参与投标的供应商给出一个综合的评估。评估的指标包括产品质量、价格、交货期、服务水平等，根据评价结果选择较合适的供应商。

（6）生产商通过供应商接口的 Agent 宣布中标者，同时回复所有未中标的供应商。

（7）中标供应商对收到的订单实施生产。

（8）供应商将其生产的最终原料发送给生产商。

因此，为了实施生产，供应商也会将它的外部物料订单告知给供应商的供应商，这个周期将会一直持续到供应链的最终端，最终完成整个流程。

此外，MAS 在供应链管理系统中还具有协调契约机制、协商机制、谈判机制、通信机制及多个 Agent 之间的信息交互机制等；还包括供应链的多 Agent 建模与仿真应用、计划调度与优化求解应用以及多 Agent 的运行和实施方面的应用。

第三章
云制造在机械制造业中的应用

第一节 云制造定义

云制造的内涵，是在"制造即服务"的核心理念基础上，借鉴云计算的思想和技术架构，融合先进的信息技术、制造技术以及新兴的物联网技术，形成的一种全新的制造模式和服务形态。它不仅仅是一种技术上的革新，更是对传统制造业生产模式、服务方式以及产业链价值分配的一次深刻变革。

从本质上看，云制造通过将分散在社会各处的制造资源（如软件、数据、计算、加工、检测等）进行高效整合，形成了一个逻辑上统一、物理上分散的大型制造资源池。这些资源在云制造平台上被虚拟化、服务化，从而实现了制造资源与服务的开放共享、按需获取和灵活配置。用户（无论是大型企业集团还是中小型企业）只需通过网络接入云制造平台，就可以根据自己的需求，像使用水电一样便捷地获取所需的制造资源和能力服务。这种模式的出现，极大地降低了企业的生产成本，提高了生产效率，同时也促进了制造资源的优化配置和高效利用。

云制造的内涵还体现在其强大的服务能力和广泛的应用前景上。一方面，云制造平台可以提供包括产品设计、工艺规划、仿真模拟、生产调度、质量检测、远程维护等在内的全生命周期制造服务，支持企业从产品创新设计到生产制造再到市场营销的全链条智能化转型。另一方面，云制造的应用范围十分广泛，不仅适用于航空航天、汽车制造、机械装备等传统制造业领域，还可以拓展到电子信息、生物医药、新能源等新兴产业领域。此外，云制造还可以为中小企业提供公共服务平台，帮助它们克服信息化建设资金、人才缺乏的困难，提升产品设计、工艺制造和市场营销等方面的能力。

在技术层面，云制造涉及的关键技术众多，包括云端化技术、云服务综合管理技术、云制造安全技术以及支持云制造的标准、协议和规范等。这些技术的不断发展和完善，为云制造模式的实现提供了坚实的技术支撑。例如，云端化技术实现了制造资源的嵌入式云终端封装、接入和调用；云服务综合管理技术支持了云服务运营商对云端服务进行高效、动态的管理和调度；云制造安全技术则保障了云制造平台的数据安全和运行可靠性。

总之，云制造的内涵丰富而深远，它代表了未来制造业发展的一个重要方向。通过构建共享制造资源的公共服务平台，云制造实现了制造资源与服务的开放协作、社会资源的高度共享，为制造企业拓展了生产能力、降低了生产成本、提高了市场竞争力。随着技术的不断进步和应用的持续深化，云制造将不断推动制造业向更高效、更智能、可持续的方向发展。

第二节 云制造模式概述

在市场结构发生巨大变化的背景下，新兴经济体企业显著提升，国内的企业生产成本越来越高，中国的制造业正面临着日益激烈的国际竞争。

一、私有云制造服务模式特征

云制造的相关研究已经在概念和落地实验等方面如火如荼地展开，其概念和运行模式已经初步成型，在资源建模、资源匹配、服务组合、优化配置等方面的研究也已初见成果。但是云制造是新型概念，目前尚存在不完善之处，服务模式往往决定落地实践效果，结合本书对云制造相关研究介绍，对云制造服务模式分析如下：

（一）服务多样化

企业面临的是瞬息万变的市场，如果企业不能适应就会被淘汰，尤其现在速度不断加快、效率不断提高、产品周期不断缩短，云制造必须跟上甚至抢先企业发展步伐才能促进企业的不断发展和进步。这就需要平台服务模式不断进行自我更新，提高服务多样化水平，用服务多样化满足市场的多样化需求。

（二）开放性与灵活性

云制造是一个综合性系统性工程，其服务环节包含一系列的行业知识和复杂技术的综合应用，平台内部制造服务的实现及协调更加复杂，其开放性就是将企业各方面资源进行开放式管理和使用，但又不失其灵活性的制造服务组合。

（三）促进创新发展

企业明天良好的发展源于今天良好的创新环境。企业的创新发展，推进以科技创新为核心的企业全方面创新，是企业综合实力的战略支撑。云制造平台也需要支持创新，一个死板的云平台不是企业的需求，其创新主要是服务创新，而服务创新主要体现在两个方面：一方面资源接入方式可以不断更新以满足各种资源不同的接入方式；另一方面主要体现在资源组合方式创新，在相似资源情况下，不同需求需要不同的资源组合制造，相同需求也可以有不同的资源组合方式，这就增加了制造的多样性与创新性。

二、云制造服务服务模式

目前云制造理念尚不成熟，模式的划分没有统一的标准，李伯虎院士按照面向企业的特点将其分为面向中小型企业的公有云和面向集团企业的私有云制造服务平台。面向集团企业的私有云制造注重企业内部资源的建设，减少其资源的重复投入，加强企业对制造资源的管理和对制造能力的整合，从而提高企业集团的灵活性，缩短产品的生产周期。面向中小型企业的公有云制造注重企业之间的相互补充与合作，提高地域内资源的使用和能力的交易。

此处从建设地点、使用者和运维管理等对数据的掌控情况，对私有云制造服务平台和公有云制造服务平台做对比分析。公有云制造服务平台由云制造第三方服务提供商为公众提供服务的云制造平台，理论上任何企业都可以通过授权接入该平台，其核心属性是共享资源。私有云制造平台则是企业在其内部建设的专有云制造平台，基础设施和软件建设全部由企业自己建设，主要部署于企业防火墙内，私有云的核心属性是专享资源。

（一）云制造服务模式特点

面向集团企业的云制造应用属于典型的私有云服务平台。私有云制造平台基于企业网构成，由集团搭建、运维管理，平台的使用者是企业集团和相关企业、研究单位等，主要用于企业集团内部制造资源和制造能力的整合，提高企业集团基础设施利用率，降低成本，提高竞争力。数据安全对于企业来说是至关重要的，公有云服务存在较大的安全隐患，因而公有云平台只适合那些非关键性业务。企业，尤其是大型企业会更多地倾向于选择建设自己的私有云计算平台。

面向中小企业的云制造应用属于公有云服务平台，公有云基于互联网构成，强调行业间制造资源和制造能力整合，其最大优势是规模经济效益，提高整个社会制造资源和制造能力的利用率，实现制造资源和制造能力交易。

（二）两种云制造服务模式对比

公有云制造平台由第三方运营公司负责开发，平台运维和管理也由其负责，主要应用对象为中小型企业，数据存储于服务商数据中心。对于企业来说，公有云制造平台不必自己构建，不用组建专业运维团队，具有明显成本建设优势，但是其数据安全不能保证，服务运行可靠性不好也是困扰其发展的因素。

私有云制造平台是由大型企业集团量身定制的服务平台，企业集团组建专业团队负责平台运维和管理，主要是针对地域性企业集团，数据存储于机房服务存储器，企业集团对平台具有绝对控制权，数据安全度较高，平台灵活性较好，可提供个性化服务，当然也存在初期投资成本较高、需要专业型计算机人才运维等弊端。

目前，地域性制造业发展不平衡，普遍是由几个大型骨干企业和一批中小型企业组成。以某自治区装备制造业为例，全区装备制造业只有一家销售收入过百亿的企业，在自治区工业20强企业中，仅有2户装备制造企业。这样的格局存在很多发展局限性，产业规模偏小，骨干企业带动力不强；产业协作配套不足，中小企业不专不精；技术创新能力较弱，产品档次偏低。在这种情况下，私有云制造服务体系是以企业集团为核心整合地域性中小型企业，有利于实现企业集团与中小型企业的良性互动、优势互补。

三、私有云制造服务服务模式

（一）云制造资源定义及特点

制造资源是完成产品的各个阶段的所有制造活动的各要素，主要包括软、硬元素，包括生产前周期、生产周期和生产后周期。云制造平台中的制造资源主要是平台管控的硬件制造资源、平台集成的软件制造资源两部分。软件资源是指各种依托于计算机、服务器等计算设备的制造软件等资源，比如各种应用软件、数据信息资源、技术等。硬件资源是指可看得见的制造活动资源，比如制造设备、各种服务器、各类物料等。

（二）平台设计思想

私有云制造平台的设计思想就是集中管控企业的各种制造资源，面向需求或订单统一分配资源，并将典型制造流程打包成制造服务，不断优化和丰富各种制造服务。在此基础上，完善平台在仿真、协同和后期追踪服务等各个方面的支持服务内容，对企业的各项制造活动进行监督、优化配置、智能处理等，最终形成一种功能完善、可自我调节与更新的企业制造服务体系。

但是，云制造平台还处于初期研究阶段，各方面都不成熟，完备的企业云制造服务体系不可能一蹴而就，而是逐渐搭建完善。云制造依托于硬件环境的支持，体系稳定的硬件资源建设是云制造平台实现的第一步，服务模式是平台的核心，下面就服务模式做细致说明。

（三）云制造服务模式

私有云制造服务的理念在于集中管控企业的各种制造资源，面向需求或订单统一分配资源。为此，此处提出一种新的制造服务构建方法，平台总体构建方面共有三个阶段：资源接入、资源组合、制造服务。下面就分别介绍各个阶段的组成：

（1）资源接入位于云制造平台搭建的第一步，主要是指将企业所用到的各个方面的资源经过信息化设计之后，汇集于云制造服务平台。制造资源主要是指在企业生产中与生产相关的全部资源，主要分为软件资源和硬件资源。

（2）资源组合是指企业完成一定制造任务的资源服务流程，即根据制造任务要求，组织其公司的制造资源完成制造任务的制造资源组合形式。从产品生产周期来看，主要有设计前期的HADOOP大数据需求分析、根据需求产品设计、产品实验性加工、产品的售后追踪服务等各阶段。

（3）制造服务是根据业务流程进行打包处理，初步形成制造服务，根据企业的业务需求进行服务资源匹配。若没有相符的服务，则进行资源服务重建。这样，就可以随时更新企业服务，灵活地安排企业制造活动。

（四）私有云制造初始搭建

云制造平台的搭建主要是采用一种"先主干基础搭建，后模块枝节建设"的平台建设思路。"先主干基础搭建"是在建设初期将平台的基本环境、基础模块进行搭建，将平台建设成一个基础环境运行稳定、便于扩展且基本模块管理便捷、功能完善的云制造服务平台。"后模块枝节建设"主要是指在云制造平台"主干"基础上进行的云制造平台关键模块的完善与研究，私有云制造"主干"建设试验阶段的研究内容主要集中于云制造平台的资源接入实践研究与云制造平台建设实践。下面将分别介绍两部分内容：

资源接入主要是将企业各种需求资源通过网络链接到平台，实现硬件设备与平台数据的双向导通，软件资源可以按需使用并集中管控。企业各种数据由平台统一管控并实现各种数据的便捷存储与提取。

云制造平台的建设主要是平台前台的各种页面设计、平台基础管理模块的搭建。前台页面设计是登录、管理各种应用界面，友好化页面应用。对平台的基础模块的搭建，主要实现平台内部人员的便捷协同模块、快捷管理平台用户模块、后台资源管理模块等。

（五）私有云制造平台的体系架构

私有云制造平台是由企业集团搭建，由企业内部组建专业运维管理团队负责平台运维管理，私有云制造平台使用者是企业内部人员、地域内相关中小企业合作方和科研院所等技术人员。私有云制造平台继续采用李伯虎院士提出的物理资源层、云制造虚拟资源层、云制造核心服务层、应用接口层、云制造应用层5个体系架构层次。

私有云制造平台的应用主要包括三个方面：平台的基础管理、平台的基本应用、平台的合作模块。

平台的基础管理：主要是平台的基本管理功能，如注册、审核和用户组管理等。

平台的基本应用：主要提供一些大型专业软件的使用，如UG、CATIA、SOLIDWORK、Pro/E、ANSYS等。

平台的合作模块：主要是提供一些企业定制类的应用功能模块，协同设计、资源接入、个性化定制等，属于企业应用，灵活性较高。

私有云制造服务模式支持一定地域范围内制造企业间的自由交易，支持大型企业与中小企业资源能力需求和供应基于合作的自由交易，并实现基于企业标准的制造资源和能力的自由交易以及多主体间开发、加工和服务等业务协同，实现大型企业与中小企业业务协作和产业集聚协作。

四、云制造平台支撑技术

（一）虚拟应用技术

虚拟应用技术（SaaS）是一种新型的软件应用技术。软件开发的厂商或者软件应用方通过网络将他们的软件部署安装在服务器上，软件使用者无需将软件下载到本地，只需要在网络上或者通过平台授权直接使用应用软件。这样，授权使用者无须安装软件，即需即用，只需要对自己使用软件的时间付出少量成本，省去了以往软件安装带来的对软件硬件设施的构建和维护。

按照应用方式不同，虚拟应用技术可分为以下三种类型：

1. 基于视图的虚拟应用

基于视图的虚拟应用（View-based VA），其特征在于，该应用所需的所有计算任务全部在服务端完成，客户端只负责应用界面的显示以及将外设的输入传到服务端。其优势在于，当用户的电脑配置很低，无法运行大型应用程序，或者运行效率很低时，可以利用基于视图的虚拟应用来帮助用户实现目标，并达到较好的用户体验，但前提是要有一定的网络带宽。

2. 基于流的虚拟应用

基于流的虚拟应用（Stream-based VA），其特征在于，该应用所需的可执行代码不是用户一次性全部安装在客户端的，而是根据该应用的执行需要动态地下载到客户端的。如果应用暂不需要则不会下载，因此大大节省了带宽占用和应用启动时间。虽然该应用的可执行代码在服务端，可执行却完全是在客户端进行，因此，该应用消耗的全是客户端的资源。

3. 基于Web的虚拟应用

基于Web的虚拟应用（Web-based VA），其特征在于，该应用所需的计算任务一部分在客户端执行，一部分在服务端执行。在客户端执行的部分一般是与界面显示和人机交互有关的逻辑，而其他的业务逻辑则在服务端执行。

（二）负载均衡技术

负载均衡建立在现有网络结构之上，它提供了一种廉价、有效、透明的方法，扩展网络设备和服务器的带宽，增加吞吐量，加强网络数据处理能力，提高网络的灵活性和可用性。

将同一个软件同时安装于不同的服务器上，降低每一台服务器的负载，不仅降低成本，还能优化用户的体验。所谓的多服务器负载均衡，实际上是给这些服务器增加了一个控制服务器，当所有用户同时使用时，这些用户的请求数据会汇总到这个控制服务器上，然后由该服务器根据实际每台服务器运行的状态把每个用户的请求分配给最合理的服务器。这台控制服务器上需要安装负载均衡控制与管理软件，它只负责为其他每台服务器分配任务，自己不对用户的请求做处理。

（三）云存储技术

云存储技术是一种新兴的网络存储技术，是指通过集群应用、网络技术或分布式文件系统等功能，将网络中大量不同类型的存储设备通过应用软件集合起来协同工作，共同对外提供数据存储和业务访问功能的一个系统，用户在启动虚拟应用软件的时候，存储就会被挂载到对应的服务器上，此时用户就能通过云存储读取、保存数据了。利用云存储，通过虚拟化技术，把服务器、存储等硬件设备虚拟成一个资源池，用户使用的时候就是在这个资源池里读写数据。云存储在处理数据的时候，是将大数据拆分成一个个比较小的数据，分别交给计算机群里的计算机进行分布式存储。通过云存储，将存储设备转变成存储服务。

（四）高性能计算

高性能计算（High Performance Computing，缩写HPC）通常指使用很多处理器（作为单个机器的一部分）或者某一集群中的几台计算机（作为单个计算资源操作）的计算系统和环境。高性能计算技术是指具有超高计算能力、存储能力、交互能力的计算技术。

高性能计算包括高性能处理器、并行高效计算机系统、相关并行算法及相关领域大型并行应用软件等技术。高性能计算为云制造系统求解复杂问题和开展海量信息处理及高性能计算能力提供了使用技术。

五、平台整体架构

云平台的主题架构及核心部分由物理机直接应用，其资源池主要由硬件资源直接搭建。为节约硬件资源和成本，平台应用要求不高的非核心部分则由虚拟机进行相关的管理。云制造核心主要由三部分组成：软件资源接入、云制造管理、硬件资源接入。

软件资源接入主要是虚拟资源和计算集群两部分，而虚拟资源主要是虚拟主机和虚拟应用两部分。虚拟应用主要将各种相关机械应用软件进行虚拟化应用，主要由三台 R730 服务器作为虚拟应用资源池。虚拟主机是通过虚拟化为用户准备一个私人"网络空间"，多台虚拟机可以共享一台真实的物理主机，降低各方面费用。计算集群是由 8 台刀片服务器组成的计算集群，可以解决机械等相关的计算速度问题。

云制造管理主要是云制造平台的界面管理与应用，由一台物理机 R730 进行管理。

硬件资源的接入主要是指在机械加工制造等相关制造过程中的各种设备，与云制造平台信息相连，实时控制，并完成设备数据链。

资源接入主要是两部分：一部分是软件资源的接入，另一部分是硬件资源接入。不同的资源有不同的管理和接入方式，下面就不同的接入方式分别做介绍：

（一）软件资源接入

软件资源的来源是平台控制下的虚拟主机资源池、虚拟应用资源池和计算资源池。各种资源池的硬件设施是通过内部网络管理，其数据也是通过内部通信进行传输，资源的接入基本属于内部硬件管控，故不详细介绍。

（二）硬件资源接入

硬件资源的接入主要是两条数据链路：一条链路为设备信息的收集并上联传输和处理，另一条链路为平台信息的下联传输并执行。两条链路共同组成完整的数据传输链路。这样云平台通过对虚拟机的管理以及数据传输完成对硬件资源的管理及控制，可及时查看各类设备数据。

第三节 企业集团私有云制造模式行业运用

企业集团私有云制造模式在行业运用中，展现出其独特的优势与深远的影响力，成为推动制造业转型升级的重要力量。该模式基于企业集团内部资源的深度整合与优化配置，借鉴云计算的弹性服务、资源池化等核心理念，构建了一个专为企业集团内部成员服务的制造资源云平台。这不仅实现了制造资源的集中管理、按需分配与高效利用，还促进了集团内部企业间的协同创新与资源共享，提升了整体竞争力。

在行业运用中，企业集团私有云制造模式首先通过全面梳理与评估集团内部的制造资源，包括但不限于生产设备、设计软件、测试仪器、专业技术人员等，将这些资源数字化、虚拟化，并纳入统一的云制造平台进行管理。这一过程不仅提高了资源的透明度与可访问性，还为后续的按需分配与优化配置奠定了坚实基础。在此基础上，云制造平台利用先进的算法与模型，对制造资源进行智能调度与优化配置，确保资源能够精准匹配用户需求，实现高效利用。

在行业实践中，企业集团私有云制造模式的应用范围广泛，涵盖了从产品设计、工艺规划、生产调度到质量检测、远程维护等制造全生命周期的各个环节。例如，在产品设计阶段，集团内部的设计团队可以便捷地访问云制造平台上的设计软件、仿真工具及历史设计数据，进行协同设计与快速迭代，提高设计效率与质量。在生产调度环节，云制造平台能够根据订单需求、产能状况及资源分布情况，自动生成最优的生产计划，并实时监控生产过程，确保生产任务的顺利完成。此外，云制造平台还提供了质量检测、远程维护等增值服务，进一步提高了企业集团的服务水平与客户满意度。

企业集团私有云制造模式的行业运用，不仅促进了集团内部资源的优化配置与高效利用，还推动了企业间的协同创新与知识共享。通过云制造平台，集团内部企业可以实时共享最新的技术成果、行业动态及市场趋势，促进知识与技术的快速传播与转化。同时，云制造平台还为集团内部企业提供了开放、协作的创新环境，鼓励企业围绕共同目标进行联合研发与技术攻关，加速新产品的开发与市场推广。

企业集团私有云制造模式在行业运用中，还展现出了良好的经济效益与社会效益。一方面，通过优化资源配置、提高生产效率与服务质量，企业集团能够显著降低生产成本、提升市场竞争力，实现可持续发展。另一方面，云制造模式的应用还促进了制造业的绿色转型与节能减排，通过优化生产流程、提高资源利用效率等手段，降低了能源消耗与环境污染，为构建绿色低碳的制造业生态体系做出了积极贡献。

企业集团私有云制造模式在行业运用中展现出了独特的优势与深远的影响力，不仅促进了集团内部资源的优化配置与高效利用，还推动了企业间的协同创新与知识共享，为制造业的转型升级与可持续发展提供了有力支撑。随着技术的不断进步与应用的持续深化，企业集团私有云制造模式将在更多行业中发挥重要作用，引领制造业迈向更高水平的发展阶段。

第四章
工业机器人在机械制造业中的应用

第一节　工业机器人简述

机器人是当代高端智能装备和高新技术的突出代表,对制造业的发展至关重要,是衡量一个国家制造业水平和核心竞争力的重要标志。当前,工业机器人已经成为一种标准化设备,得到了工业界的广泛应用,工业机器人自动化生产线成套装备已成为自动化装备的主流及未来的发展方向,工业机器人产业得到了蓬勃发展。工业机器人现已广泛应用在汽车、电子、金属制品、轻工、冶金、石化、医药、橡胶及塑料等行业。

一、机器人的定义

机器人问世已有几十年,但现在对机器人仍然没有一个统一的定义,原因之一是机器人还在发展,新的机型、新的功能一直在不断涌现。同时,机器人涉及了人的概念,这使得什么是机器人成为一个难以回答的哲学问题。人们对机器人充满了幻想。也许正是机器人定义的模糊,才给了人们充分的想象和创造空间,因而才有各式各样机器人的诞生。随着机器人技术的飞速发展和信息时代的到来,机器人所涵盖的内容越来越丰富,机器人的定义也得到了不断的充实和创新。

机器人的特征如下:

(1)机器人的动作机构具有类似于人或其他生物体某些器官的功能;

(2)机器人具有通用性,可完成的工作种类多样,动作程序灵活易变;

（3）机器人具有不同程度的智能，如记忆、感知、推理、决策、学习等能力；

（4）机器人具有独立性，完整的机器人系统在工作中可以不依赖于人的干预。

二、机器人的分类

按照不同的分类方式，机器人可以有不同的划分。

（一）按照从低级到高级的发展程度分类

按照从低级到高级的发展程度，机器人可分为三类：

第一代机器人（First Generation Robot）：可编程的示教再现型工业机器人，已进入商品化、实用化阶段。

第二代机器人（Second Generation Robot）：装备有一定的传感装置，能获取作业环境、操作对象的简单信息，通过计算机处理、分析，能进行简单的推理，对动作进行反馈的机器人，通常称为感觉型机器人，又称低级智能机器人。

第三代机器人（Third Generation Robot）：具有高度适应性的自治机器人。它具有多种感知功能，可进行复杂的逻辑思维、判断决策，能在作业环境中独立行动。第三代机器人称为智能型机器人，目前正处于蓬勃发展阶段，其应用范围也在不断拓展。

（二）按照结构形态、负载能力和动作空间分类

按照结构形态、负载能力和动作空间，机器人可分为以下五类。

（1）超大型机器人：负载能力在 1000 kg 以上。

（2）大型机器人：负载能力为 100～1000 kg，工作空间大小在 10 m^2 以上。

（3）中型机器人：负载能力为 10～100 kg，工作空间大小为 1～10 m^2。

（4）小型机器人：负载能力为 0.1～10 kg，工作空间大小为 0.1～1 m^2。

（5）超小型机器人：负载能力为 0.1 kg 以下，工作空间大小在 0.1 m² 以下。

（三）按照控制方式分类

按照控制方式，机器人可分为操作机器人、程序机器人、示教再现机器人、智能机器人和综合机器人。

1. 操作机器人

操作机器人的典型代表是在核电站处理放射性物质时进行远距离操作的机器人。在这种机器人中，具有人手操纵功能的部分称为主动机械手，完成动作的部分称为从动机械手。从动机械手要大一些，它是用经过放大的力进行作业的；主动机械手要小一些。

2. 程序机器人

程序机器人可以按预先给定的程序、条件、位置进行作业。

3. 示教再现型机器人

示教再现型机器人可以将所教的操作过程自动地记录存储器中，当需要再现操作时，则重复示教过的动作过程。

4. 智能机器人

智能机器人既可以完成预先设定的动作，也可以根据工作环境的改变而变换动作。

5. 综合机器人

综合机器人是将操纵机器人、示教再现型机器人、智能机器人的功能组合而形成的机器人。

（四）按照用途分类

国际机器人联合会（International Federation of Robotics，IFR）按照用途和目的将机器人分为工业机器人和服务机器人。工业机器人用于制造业生产环境，主要包括人机协作机器人和工业移动机器人；而服务机器人一般用于非制造业环境。中国电子学会结合中国机器人产业发展特性，将机器人分为工业机器人、服务机器人、特种机器人三类。工业机器人按用途可分为焊接机器人、搬运机器人、码垛机器人、装配机器人、喷涂机器人、切割机器人等。服务机器人又分为公共服务机器人、个人/家用服务机器人等。特种机器人应用于专业领域，辅助或代替人执行任务，包括军用机器人、特殊环境作业机器人及其他机器人。

1. 工业机器人

在工业领域内应用的机器人被称为工业机器人。工业机器人是机器人家族中的重要一员，也是目前在技术上发展最成熟、应用最多的一类机器人。世界各国对工业机器人的定义不尽相同，目前多采用的是国际标准化组织（ISO）对工业机器人的定义：工业机器人是一种能自动控制的、可重复编程的多功能操作机，具有三个或更多可编程的轴，能够借助编制的程序处理各种工业自动化应用任务。为了适应不同的用途，机器人最后一个轴的机械接口通常是一个连接法兰，可接装不同工具（或称末端执行器）。

历史上第一台工业机器人用于通用汽车的材料处理工作。随着机器人技术的不断进步与发展，工业机器人可以做的工作也变得多样化起来。目前工业机器人已广泛应用于现代化的工厂和柔性加工系统。

（1）按用途分类

工业机器人根据用途不同可以细分为焊接机器人、搬运/码垛机器人、装配机器人、喷涂机器人等。

①焊接机器人

焊接加工的生产环境差、危险性高。焊接加工对焊工技术水平的要求也是比较高的，它要求焊工必须具有熟练的操作技能、丰富的实践经验和稳定的焊接水平。焊接机器人的出现，使人们能够从极为恶劣的工作环境中解脱出来，减轻焊工的劳动强度，同时也可以提高焊接的质量和效率。

焊接机器人是在末轴法兰装接焊钳或焊（割）枪，能进行焊接、切割工作的工业机器人。焊接机器人主要包括机器人和焊接设备两部分。机器人由机器人本体和控制柜（硬件及软件）组成。而焊接设备，以弧焊及点焊为例，则由焊接电源（包括其控制系统）、送丝机（弧焊）、焊枪（钳）等部分组成。智能焊接机器人则还应有感知系统，如激光或摄像传感器及其控制装置等。

根据焊接过程的特点，焊接机器人可以分为点焊机器人、弧焊机器人和激光焊接机器人三类。

随着技术的不断提高，原来比较单一的汽车装配点焊很快发展为汽车零部件和装配过程中的电弧焊。因为机器人电弧焊具有可通过程序随时改变焊接轨迹和焊接顺序的特点，因此最合适用于工件品种变化大、焊缝短而多、形状复杂的产品，而这种产品又大多出现在汽车车体上，正好符合汽车制造业的特点。弧焊机器人的工序要比点焊机器人的工序复杂得多，工具中心点（TCP）即焊丝端头的运动轨迹、焊枪姿态、焊接参数都要求精确控制，所以，弧焊用机器人还必须具备一些满足弧焊要求的功能。虽然从理论上讲，五轴的机器人就可以用于电弧焊，但是形状复杂的焊缝采用五轴机器人来焊接会有困难。因此，除非焊缝比较简单，否则应尽量选用六轴机器人。

激光焊接机器人以聚焦的激光束作为热源熔化并连接工件，通过激光实行局部非接触式焊接。激光焊接解决了细微焊接的一大难题，已越来越广泛地应用于手机、笔记本电脑等电子设备的摄像头零件的焊接。

实际上焊接机器人只有少数是专为实现某种焊接方式设计的，大多数的焊接机器人是在通用的工业机器人基础上装上某种焊接工具而构成的。在多任务环境中，一台机器人不仅可以完成焊接作业，甚至可以完成包括焊接在内的取物、搬运及安装等多种任务。机器人可以根据程序指令自动更换机械手上的工具来完成相应的任务。

②搬运/码垛机器人

搬运和码垛是物流领域随处可见的工作，存在于各行各业，但看似不起眼的简单工作背后，却有着长期性、基础性的企业需求，还时常受到人员、成本及效率等因素的限制。在这样的情况下，搬运/码垛机器人应运而生，出现在各行各业的搬运工作岗位，为企业的发展带来新的契机。在工业制造、仓储物流、烟草、医药、食品、化工等行业领域，在邮局、图书馆、港口码头、机场、停车场等场景，都可以见到搬运/码垛机器人的身影。搬运/码垛机器人现已越来越普遍地应用在生产作业过程中，用于解决搬运、码垛、装车、入库等问题，让生产过程更加顺畅。

搬运/码垛机器人的特点主要有：

A.可以进行高精度的包装工作。

通过搬运／码垛机器人和其他设备的整合，原先烦琐的打包工作可以由机器人轻松实现，从而为企业节省大量的人工，有助于企业生产作业走向现代化。

B. 针对企业量身定制，工作效率很高。

只要设计合理，搬运／码垛机器人就可以24小时不间断地工作，不会感到劳累与疲乏，更不会有消极怠工的现象。

C. 与流水线配合紧密。

搬运／码垛在生产作业中通常还要使用叉车、输送机、打包机等一系列设备，这就对搬运码垛机器人提出了很高的配合要求。在实际操作过程中，不仅对搬运／码垛机器人的操作时间间隔有一定的要求，还对机器人完成码垛的时间有很高的要求。

③装配机器人

装配机器人是工业生产中用于装配生产线，对零件或部件进行装配的一类工业机器人，是柔性自动化装配系统的核心设备。装配是一个比较复杂的作业过程，不仅要检测装配作业过程中的误差，而且要试图纠正这种误差。因此，通常装配机器人本体与搬运、焊接、喷涂机器人本体在制造精度上有一定的差别。焊接、喷涂机器人在完成焊接、喷涂作业时不与作业对象接触，只需要示教机器人运动轨迹即可；装配机器人需与作业对象直接接触，并进行相应动作。搬运机器人在移动物料时运动轨迹多为开放性的，而装配作业是一种约束运动类操作。带有传感器的装配机器人可以更好地完成销、轴、螺钉、螺栓等柔性化装配作业。

与一般工业机器人相比，装配机器人具有精度高、柔顺性好、作业空间小、能与其他系统配套使用等特点。在汽车装配行业中，人工装配已基本上被自动化生产线所取代，这样既节约了劳动成本，降低了劳动强度，又提高了装配质量并保证了装配安全。图3所示为轿车生产线装配机器人。小型、精密、垂直装配主要采用关节式装配机器人中的SCARA（平面关节型）机器人和并联机器人，其中SCARA机器人在这方面具有很大优势。实现多品种、少批量生产方式的需求及提高产品质量和生产效率的生产工艺需求，成为推动装配机器人发展的直接动力。

图 3　轿车生产线装配机器人

④喷涂机器人

在传统的汽车行业，油漆喷涂的生产线非常浪费人力和物力，并且生产效率比较低下，产品合格率也不高，此外，手工的油漆喷涂会对工人的健康造成一定危害，有悖于企业绿色环保的发展原则。喷涂机器人（Spray Painting Robot）又称喷漆机器人，是可进行自动喷漆或其他涂料喷涂的工业机器人，1969 年由挪威 Trallfa 公司（后并入 ABB 集团）发明。喷漆机器人主要由机器人本体、计算机和相应的控制系统组成，液压驱动的喷漆机器人还包括液压油源，其腕部一般有 2～3 个自由度，可灵活运动。较先进的喷漆机器人采用柔性手腕，这种手腕类似人的手腕，既可向各个方向弯曲，又可转动，能方便地通过较小的孔伸入工件内部，喷涂其内表面。喷涂机器人一般采用液压驱动，具有动作速度快、防爆性能好等特点，可采用手把手示教和点位示教两种示教方式。喷涂机器人广泛用于汽车、仪表、电器等工业生产部门，基于环保、高效、快捷、安全的生产方式，将给企业产品带来质的飞越。

喷涂机器人在技术方面主要有以下几个优势。首先，漆膜性能好，通过涂料流量、雾化空气压力、扇形空气压力、机器人行走速度的协同控制，保证了漆膜的性能及均匀一致性；其次，涂料利用率高，机器人行走轨迹精度高、速度均匀，扇形叠加量一致，有效避免了过喷、漏喷及无效喷涂现象，提高了涂料利用率；最后，喷涂效率高，可 24 小时无间断工作，大大提高了生产效率。

此外，工业机器人还包括切割机器人、检测机器人等。

（2）按空间坐标形式分类

按空间坐标形式，可以把工业机器人分为以下几种类型：

①直角坐标型机器人

这一类机器人手部空间位置的改变通过沿三个互相垂直的轴线的移动来实现，即沿着 X 轴的纵向移动、沿着 Y 轴的横向移动及沿着 Z 轴的升降。这类机器人的位置精度高，控制无耦合、简单，避障性好，但结构较庞大，工作空间小，灵活性差，难以与其他机器人协调；移动轴的结构较复杂，且占地面积较大。

②圆柱坐标型机器人

这类机器人通过两个移动和一个转动实现手部空间位置的改变，Versatran 机器人是此类机器人的典型代表。Versatran 机器人手臂的运动由垂直立柱平面内的伸缩和沿立柱的升降两个直线运动及手臂绕立柱的转动复合而成。圆柱坐标型机器人的位置精度仅次于直角坐标型，控制简单，避障性好，但结构也较庞大，难以与其他机器人协调工作，两个移动轴的设计较复杂。

③球坐标型机器人

这类机器人手臂的运动由一个直线运动和两个转动所组成，即沿手臂方向（X 方向）的伸缩，绕 Y 轴的俯仰和绕 Z 轴的回转。这类机器人占地面积较小，结构紧凑，位置精度尚可，能与其他机器人协调工作，质量较小，但避障性差，存在平衡方面的问题，位置误差与臂长有关。Unimate 机器人是这类机器人的典型代表。

④关节坐标型机器人

关节坐标型机器人主要由立柱、前臂和后臂组成，机器人的运动由前、后臂的俯仰及立柱的回转构成。此类机器人结构最紧凑，灵活性大，占地面积最小，工作空间最大，能与其他机器人协调工作，避障性好，但位置精度较低，存在平衡方面的问题，控制存在耦合，故比较复杂。此类机器人目前应用得最多，PUMA 机器人是其代表。

2.服务机器人

国际机器人联合会对服务机器人的定义是：服务机器人是一种半自主或全自主工作的机器人，它能完成有益于人类的服务工作，但不包括从事生产的设备。如清洁机器人、家用机器人、娱乐机器人、医用及康复机器人、老年及残疾人护理机器人、办公及后勤服务机器人、建筑机器人、救灾机器人、酒店售货及餐厅服务机器人等等。服务机器人的应用范围很广，主要从事维护保养、修理、运输、清洗、保安、监护等工作。

我国对服务机器人的定义范围要窄一些，指用于完成对人类和社会有用的服务工作（制造操作除外）的自主或半自主机器人。智能服务机器人是在非结构环境下为人类提供必要服务的多种高技术集成的智能化装备。

服务机器人按应用环境，可分为个人/家用服务机器人和公共服务机器人两大类。工业机器人主要用于以工厂为代表的第二产业，而个人/家用机器人则主要用于第三产业服务业，在普通家庭应用方面有巨大的潜力。

①个人/家用服务机器人

在一般家庭中普及机器人的设想源于两个出发点：其一是以年轻人为中心的家庭成员的价值观的变化，即从"以工作为中心"转变为"以自我为中心"，追求生活的高质量，追求家务劳动的省力化，实现家庭自动化。这就需要借助个人/家用机器人的服务。其二是整个社会的老龄化。随着人口出生率的下降，人类将呈现出老龄化态势，形成老年人多、年轻人少的社会。从社会福利的角度考虑，需要为许多老人配以家庭助手。但因工资、劳动条件等因素的影响，加之前述年轻人价值观的变化，在供不应求的劳动力市场上很难找到自然人作为家庭助手，故需个人/家用服务机器人来补充劳动力市场。如在家务劳动自动化方面，可借助个人/家用服务机器人来完成清扫作业、餐后清理、洗涤等；在帮助老人的作业自动化方面，可利用个人/家用服务机器人来帮助搬运重物、监护独身老人生活、帮助老人起床等。

②公共服务机器人

这类服务机器人的应用场景和个人/家用服务机器人不同，其主要用在一些公共场合，例如医院、展览馆、工厂厂区内部等。图4至图6所示是几种公共服务机器人。

图 4　医院运输机器人　　图 5　展览馆讲解机器人　　图 6　餐厅服务机器人

3. 特种机器人

特种机器人在机器人家族发展最早，且体系庞大，其由于能进入人类无法到达的领域帮助人类完成各种复杂工作而备受各国政府的重视。特种机器人主要应用于人们难以进入的核电站、海底、宇宙空间等场合。按用途不同，特种机器人可以划分为如下几类：

①军用机器人

军用机器人可以代替士兵完成各种极限条件下特殊的军事任务，使得战争中绝大多数军人免遭伤害，所以在现代军事战争中占有非常重要的地位。未来战场注定是无人系统的世界，世界各国都将发展军用机器人列入21世纪军事安全重点战略。

②特殊环境作业机器人

这一类机器人主要包括水下机器人、空间探测机器人，如月球车、火星车、灾害救援机器人、核电站机器人等。图 7 是中科院沈阳自动化研究所研制的一种救援机器人——废墟搜救可变形机器人，其可配备不同的任务载荷（如救灾工具、生命探测传感器等），应用于地震、飓风等自然灾害的灾后搜索与救援，还可用在反恐防爆、作战侦察等方面。

图 7　救援机器人

③其他机器人

其他机器人有农业机器人、应急救援机器人等。

随着机器人技术的发展，农业机器人的品种日趋丰富，性能也日益卓越。同时，农业机器人的应用越来越广泛，播种、收脱、采摘、喷药、施肥、灌溉、插秧等基本农活都可由机器人来完成。

安防机器人通常具备实时监控、自主导航巡逻、异常行为预警等安防功能，能协助人类完成安全防护工作。

三、工业机器人基本组成

现代工业机器人由三大部分六个子系统组成。三大部分分别是机械部分、控制部分和传感部分。六个子系统分别是驱动系统、机械结构系统、人机交互系统、控制系统、感受（传感）系统、机器人与环境交互系统。三大部分六个子系统是一个统一的整体。

（一）机械部分

机械部分是机器人的"血肉"组成部分，也称为机器人的本体，主要可分为两个子系统：驱动系统和机械结构系统。

1. 驱动系统

要使机器人运行起来，就需要在各个关节安装传动装置，以使执行机构产生相应的动作，这就是驱动系统。它的作用是提供机器人各部分、各关节动作的原动力。驱动系统的传动部分可以是液压传动系统、电动传动系统、气动传动系统，或者是几种系统结合起来的综合传动系统。

2. 机械结构系统

工业机器人的机械结构主要由三大部分构成：基座、手臂和手部。每个部分具有若干的自由度，从而构成一个多自由度的机械系统。手部也称末端执行器，是直接安装在手腕上的一个重要部件，它可以是多手指的手爪，也可以是喷漆枪或者焊具等作业工具。

（二）控制部分

控制部分相当于机器人的大脑，可以直接或者通过人工对机器人的动作进行控制。控制部分也可以分为两个子系统：人机交互系统和控制系统。

1. 人机交互系统

人机交互系统是使操作人员参与机器人控制并与机器人进行联系的装置，包括计算机的标准终端、指令控制台、信息显示板、危险信号警报器、示教盒等。简单来说该系统可以分为两大部分：指令给定系统和信息显示装置。

2. 控制系统

控制系统的主要任务是根据机器人的作业指令程序以及从传感器反馈回来的信号支配执行机构去完成规定的运动和功能。根据控制原理，控制系统可以分为程序控制系统、适应性控制系统和人工智能控制系统三种。根据运动形式，控制系统可以分为点位控制系统和轨迹控制系统两大类。

（三）传感部分

传感部分相当于人类的五官，机器人可以通过传感部分来获取机器人自身和外部环境信息，从而实现更加精确的定位。传感部分主要分为两个子系统：感受（传感）系统和机器人与环境交互系统。

1. 感受（传感）系统

感受系统由内部传感器模块和外部传感器模块组成，用于获取机器人内部和外部环境状态中有意义的信息。智能传感器可以提高机器人的机动性、适应性和智能化水平。对于一些特殊的信息，传感器的灵敏度甚至可以超越人类的感觉系统。

2. 机器人与环境交互系统

机器人与环境交互系统是实现工业机器人与外部环境中的设备相互联系和协调的系统。工业机器人与外部设备集成为一个功能单元，如加工制造单元、焊接单元、装配单元等；也可以是多台机器人、多台机床设备或者多个零件存储装置集成为一个能执行复杂任务的功能单元。

四、工业机器人的坐标系

机器人坐标系是为确定机器人的位置和姿态（简称位姿）而在机器人或其他空间上设定的位姿指标系统。工业机器人上的坐标系包括六种：大地坐标系（World Coordinate System）、基坐标系（Base Coordinate System）、关节坐标系（Joint Coordinate System）、工具坐标系（Tool Coordinate System）、工件坐标系（Work Object Coordinate System）和用户坐标系（User Coordinate System）。

（1）大地坐标系：又称世界坐标系，是固定在空间中的标准直角坐标系，其原点通常是选定的一个固定点。用户坐标系是基于该坐标系而设定的。

（2）基坐标系：基坐标系由机器人基座基点与坐标方位组成，该坐标系是机器人其他坐标系的基础。

（3）关节坐标系：关节坐标系是设定在机器人关节中的坐标系，它用于确定每个轴相对其原点位置的绝对角度。

（4）工具坐标系：工具坐标系用来确定工具的位姿，它的原点为工具中心点。工具坐标系必须事先设定。在没有定义的时候，系统将采用默认工具坐标系。

（5）工件坐标系：工件坐标系用来确定工件的位姿，它的原点为工件原点。

五、工业机器人的运动副

工业机器人机构的基本元素是连杆和关节/铰链。关节或铰链即为运动副，是指两个构件既保持接触又有相对运动的活动连接，它决定了相邻两连杆之间的连接关系。运动副分为两类：高副和低副。高副是两构件之间通过线接触或者点接触而构成的运动副，主要包括球面副和柱面副。低副是指两构件之间通过面接触而构成的运动副，主要包括螺旋副、移动副、圆柱副、平面副和球面副。实际机器人关节只选用低副。

移动副是一种使两个构件发生相对移动的连接结构，它具有一个移动自由度，约束了刚体其他五个运动（只能沿某一个轴平移，缺少三个旋转自由度和两个平移自由度）。转动副是一种使两个构件发生相对转动的连接结构，它具有一个转动自由度，约束了刚体的其他五个运动。

圆柱副是一种使两个构件发生同轴转动和移动的连接结构，通常由共轴的转动副和移动副组合而成。它具有两个独立的自由度，约束了刚体的其他四个运动。

六、机构类型

常用的工业机器人机构主要包括串联机器人机构和并联机器人机构。

串联机器人机构是由多个连杆通过运动副以串联的形式连接而成、首尾不封闭的机构。串联机器人最常用的是旋转副和移动副，这两种运动副都只有一个自由度，因此机器人的关节数等于它的自由度。机器人要完成任一空间作业，均需要六个自由度。机器人运动是由手臂运动和手腕运动组合而成的。手臂有三个关节，用以改变手腕参考点位置，称为定位机构；手腕也有三个关节，用来改变末端执行器的姿态，称为定向机构。手臂由三个关节连接三个连杆而构成。

并联机器人机构是动平台和静平台通过至少两个独立的运动链相连接，具有两个或两个以上自由度，且以并联方式驱动的一种闭环机构。

Stewart 并联机构和 Delta 并联机构是两种最常见的并联机构，在其基础上衍生出了多种不同的并联机构。

Stewart 并联机构由上部的动平台、下部的静平台和连接动、静平台的六个完全相同的支链组成。每个支链均由一个移动副驱动，工业上常采用液压驱动方式。每个支链分别通过两个球面副与上、下两个平台相连。动平台的位姿由六个直线油缸的形成长度所决定。这种机构刚度高，但运动范围十分有限，运动学正解求解过程十分复杂。

Delta 并联机构由上部的静平台和下部的动平台以及三个完全相同的支链组成，每个支链都由一个定长杆和一个平行四边形机构组成。定长杆与上面的静平台用旋转副连接；平行四边形机构与动平台以及定长杆均以旋转副相连。这种机构运动部分的转动惯量很小，能满足高速和高精度作业要求，广泛应用于轻工业生产线。

串联机器人以工作空间较大、操作灵活等特点得到了广泛应用；并联机器人则以结构紧凑、占用空间小、刚度高、速度快、易控制等一系列优点，被应用于食品、电子、化工、包装等行业的分拣、搬运、装箱等等。

第二节　工业机器人机构

机器人机构是工业机器人的重要组成部分。机器人机构的设计与其他部分有很大差异，这是因为不同应用领域的机器人在机构上有不同的要求（包括驱动源、运动形式、传动精度、负载能力等方面的要求）。工业机器人机构的作用是支撑机器人的各关节、延伸机器人的工作空间、直接接触被操作对象等。根据工业机器人机构的不同作用，可以将机器人机构分为末端执行器、手腕、手臂和基座四个部分。

一、工业机器人末端执行器及腕部结构

（一）末端执行器

工业机器人末端执行器相当于人类的手部，是直接接触被操作对象的部分。

用在工业机器人上的末端执行器是机器人用于直接抓取和握紧（吸附）专用工具（如喷枪、扳手、焊具、喷头等）并进行操作的部件。它具有模仿人手动作的功能，并安装于机器人手臂的前端。由于被握工件的形状、尺寸、质量、材质及表面状态等不同，工业机器人末端执行器是多种多样的，并大致可分为以下几类：专用末端执行器、夹钳式取料手、吸附式取料手及其他取料手。

1. 专用末端执行器

工业机器人是一种通用性很强的自动化设备。其通用性在机械结构上主要体现为机器人的手腕末端可以根据作业任务要求，装配上不同种类的末端执行器，成为相应的专用设备，从而扩大了其作业功能、应用范围和工作效率。常用的专用末端执行器有焊枪、电磨头、拧螺母机、电铣头、抛光头、激光切割机、喷枪等。

（1）焊枪

在自动化生产线中，有很多焊接作业任务。为了适应不同的用途，工业机器人可以通过最后一个关节处的安装法兰接装不同工具进行点焊、弧焊等焊接作业。

下面以弧焊枪为例介绍焊枪的组成及结构。在装配体中，连接板是关键零件。连接板上有安装法兰，用来与机器人末端连接在一起；连接板上的安装接口用来固定焊枪固定座和喷嘴固定座。专用固定焊枪直接安装在焊枪固定座上。送风喷嘴通过支架、调整臂、连接销安装在喷嘴固定座上。其中，支架和调整臂通过连接销铰接，这样调整臂可绕连接销中心转动，带动送风喷嘴转动，达到调整喷嘴角度的目的。喷嘴送风角度必须按照焊接工艺的要求，保证二氧化碳/氩气保护气体能够包裹在焊接熔池周围，防止液态金属氧化，形成夹渣等缺陷。

（2）电动头

各种类型电动头越来越多地应用于工业机器人末端，以完成钻孔、铣削、去毛刺、研磨或抛光等工作。钻孔除了需要有钻头的旋转运动，还需要钻头在孔的深度方向上进行直线运动，因此，一些钻孔电动头具有两个自由度。钻孔电动头通过法兰与机器人手腕末端连接，直线单元和伺服电动机分别通过连接板与法兰连接，伺服电动机通过联轴器驱动直线单元的丝杠回转，直线单元的螺母与减速器箱连接，带动钻头做直线运动。减速器箱的输入端是三相异步电动机，为钻头的旋转提供动力，减速器箱的输出端连接钻头安装孔。钻孔电动头也可以只有一个回转自由度，而直线运动由机器人的各关节来实现，这也是大多数电动头采用的方案，因为许多加工操作（例如去毛刺、研磨或抛光等）并不像钻孔那样采用的是固定的运动方式，这就需要机器人发挥更大的空间定位优势。

（3）喷枪

工业机器人末端安装喷枪以后，可进行自动喷漆工作或喷涂其他涂料。喷枪通过安装板与机器人最后一个关节处的安装法兰进行连接，安装板上同时布置涂料管道。高黏度的涂料可进行无气喷涂；若需要进行有气喷涂，需要同时布置气体管路。美的公司与库卡公司共同打造的国内首条全自动装配式整装卫浴生产线采用了工业机器人来喷涂美缝剂，其采用的喷涂方式属于无气喷涂。

2. 夹钳式取料手

夹钳式取料手是工业机器人应用最多的一种末端执行器，它采用传动机构来传递驱动机构的动力，从而实现手指的可靠张开和闭合。

（1）手指类型

根据所夹持物料形状、尺寸、材料、表面质量等的不同，夹钳式取料手的手指有不同的数量、形状及表面质量等。按手指数量分，常用的手指有两指式和三指式；按形状分有平面形、V形、细长形等；按表面质量分有光滑表面指、齿形表面指和柔性表面指等。

（2）传动机构

根据所夹持物料的形状特点，夹钳式取料手手指的夹紧运动方式不同，由此可得夹钳式取料手的传动机构分为回转型和平移型两种，其中平移型又分为直线平移型、平面平移型等。

①回转型传动机构

回转型手部的手指多为杠杆结构，一般是通过滑槽机构、齿轮齿条机构、连杆机构、蜗杆机构等类型机构将驱动力转换为手指的夹持动作的。采用回转型传动机构的夹钳式取料手一般用于夹取具有圆柱表面的零件，手指一般采用V形指，可以根据需要，做自动定心的设计。

②直线平移型传动机构

平移型传动机构适用于夹持具有平行平面的物体。直线平移型手部一般是通过齿轮齿条机构、连杆机构、螺旋传动机构等将驱动力转换为手指的夹持动作的。

活塞的两侧固连着齿条，齿条与小齿轮啮合，带动小齿轮以及与小齿轮同轴的大齿轮回转。手指沿着开合方向布置有齿条，该齿条与大齿轮啮合，在大齿轮回转时实现开合。此外，沿着手指移动方向安装有导轨，用于手指的导向。

③平面平移型传动机构

平面平移型传动机构主要运用了平行四边形机构两组对边分别平行的特点，将手指固连在可以平移的连杆上，实现了手指的平移。舵机通过小齿轮带动大齿轮回转；大齿轮与曲柄固连，实现曲柄的转动，带动连杆及手指平移。电动机带动丝杠回转，螺母移动，带动曲柄回转，进而手指所在的连杆平移，实现手指的张开和闭合。

3. 吸附式取料手

按照吸附力的不同，吸附式取料手有气吸附式和磁吸附式两种。

（1）气吸附式取料手

气吸附式取料手是利用吸盘内的压力和大气压之间的压力差而工作的，常用来吸附易碎、柔软、薄的非铁磁性材料或球形等形状的表面光滑的物体。按形成压力差的方法，气吸附式取料手可分为真空吸附式、气流负压吸附式、挤压排气式等几种。

真空吸附式取料手利用真空泵产生真空，再利用换向阀连通吸盘，当吸取物料时，吸盘与真空抽气端连接，将物料吸起；当需放下物料时，吸盘与大气接通，物料即被放下。真空吸附式取料手的真空度较高，适合负载较大、吸附时间较长的场合，但是需要配合真空泵使用。

气流负压吸附是常用的气吸附方案，在已经具备压缩空气的场合，使用真空发生器即可实现气流负压吸附。真空发生器是利用正压气源产生负压的一种新型、高效、清洁、经济、小型的真空元器件，它使得在有压缩空气的地方获得负压变得十分容易和方便。真空发生器适用于所需的抽气量小、真空度要求不高、间歇工作场合。但真空发生器工作时噪声往往较大。

进行气流负压吸附时常使用小吸盘，吸附表面较大的物料时也采用多个小吸盘组合吸附的方案。

挤压排气式取料手结构简单，但吸附力小，吸附状态不易长期保持。

（2）磁吸附式取料手

对于铁磁性且允许有剩磁的物料，可以使用电磁吸附的方式吸取物料。磁吸附式取料手的工作原理是：内部线圈通电产生磁力，经过导磁面板，将面板表面的工件紧紧吸住；线圈断电后，磁力消失，即可取下工件。使用磁吸附方式还需要考虑如何在保证吸附效果的同时，不连接电源而维持吸附力，确保连续作业不产生热量，避免工件的受热变形等。

4. 其他取料手

（1）柔性手指

柔性手指由气压驱动，这种手指的尺寸、数量及布置方式可以有很多种，具有超强的自适应能力，可实现对各类异形、易损物品，如生鲜、玩具、玻璃制品等的抓取。对于内部中空的物料，也可以从物料内部向外抓取。柔性手指可以配合气动控制器使用，通过调整手指内气体压力及时延，实现手指的抓持力和抓持频率的精确控制。

（2）柔性取料手

柔性取料手可实现形状自适应抓取，在抓取多种形状物料时可以不必更换抓取末端。取料手的外部是柔软橡胶，内部充满颗粒状物体。在需要抓取物料时，取料手处于柔软状态，抓取物料时取料手接触物料的部分发生形变，完全包住物料。然后对取料手内部抽真空（此时颗粒状物体的位置被固定下来），进而实现物料的成功抓取。当需要释放物料时，只需要将取料手内部接通空气即可。

（3）多指灵巧手

多指灵巧手是一种类灵长类动物的手部，即第一指与其他四指对握，每根手指具有三个自由度，且具有手掌，能够以多种方式灵活抓取东西，进行多种操作，如图8所示。多指灵巧手可以进行夹取、握住、按键等操作，但是其控制较复杂，在以单一作业为主的工业机器人上很少使用。

（二）末端执行器换接器

为了使机器人在一个工位上能够同时进行多种

图8 机器人多指灵巧手

作业，可以通过末端执行器快速交换夹具给机器人更换不同种类的末端执行器，也可以使用多工位末端执行器来实现不同任务的转换。

1. 末端执行器快速交换夹具

要使一台通用机器人能在作业时自动更换不同的末端执行器，就需要配置具有快速装卸功能的夹具。末端执行器快速交换夹具由两部分组成：机械手侧和工具侧。这两部分分别装在机器人腕部和末端执行器上，能够通过气压驱动实现机器人对末端执行器的快速自动更换。为保证在失电、失气、机器人停止工作等情况下工具不会自行脱离，快速切换装置采用双作用气缸，同时内置防脱落机构（在使用单电控电磁阀控制工具的锁紧、松开时，应使电源关闭时电磁阀处在锁紧侧）。末端执行器快速交换夹具具有九针连接器，可以实现机器人侧与工具侧电源及信号的快速连接与切换。快速交换夹具具有六个气动快换接头，能够实现不同气动末端执行器气源的快速换接。选用快速交换夹具时，还应注意快速交换夹具的质量以及其所能承受的工作载荷。为保证快速交换夹具的精度，在机械手侧和工具侧有两组定位销。具体实施末端执行器交换时，各种末端执行器被放在工具架上，组成一个专用末端执行器库。

2. 多工位末端执行器

多工位末端执行器可以将多种末端执行器集成在一起，同时安装在机器人的末端。多工位末端执行器比末端执行器快速交换夹具换接效率更高。多工位末端执行器有棱锥型和棱柱型两种形式，其中棱柱型可以同时携带更多的末端执行器。

（三）机器人腕部结构

机器人手腕是连接末端执行器和手臂的部件，起到支承手部和改变手部姿态的作用，进而调节或改变工件的方位，因此，它具有独立的自由度，以使机器人末端执行器能够适应复杂的动作要求。工业机器人一般需要六个自由度才能使手部达到目标位置并处于期望的姿态。

1. 手腕的自由度

有些作业任务并不需要手腕具有三个自由度，因此工业机器人手腕的自由度也可能是 1 或 2。按照手腕自由度进行分类，可以将手腕分为单自由度手腕、二自由度手腕和三自由度手腕。

2. 手腕的驱动

根据手腕驱动源的布置可以把手腕分为远距离驱动手腕和近距离驱动手腕。

（1）远距离驱动

远距离驱动的好处是可以把尺寸、质量都较大的驱动源放在远离手腕处，有时放在手臂的后端作平衡质量块用，这样不仅可减轻手腕的整体质量，而且可改善机器人整体结构的平衡性。电动机布置在小臂的后端，通过联轴器和传动轴将动力传到手腕处。第四关节电动机的传动轴末端有一个小齿轮，与两个行星齿轮啮合；有两个小齿轮分别与这两个行星齿轮同轴，这两个小的行星齿轮同时与一个内齿圈啮合，驱动第四关节，即实现小臂的旋转运动。第五关节电动机的传动轴末端通过胡克铰连接另一根带有小齿轮的传动轴，小齿轮与套筒轴上面的大齿轮啮合；套筒轴的另一端是一个同步带轮，同步带通过中间轴将回转轴线转换方向，将运动传递到从动同步带轮，进而驱动第五关节，实现手腕俯仰，即腕摆运动。第六关节电动机的传动轴末端通过胡克铰连接另一根带有小齿轮的传动轴，小齿轮与芯轴上面的大齿轮啮合，芯轴的另一端是一个同步带轮，同步带通过中间轴将回转轴线转换方向，将运动传递到从动同步带轮；从动同步带轮与一个圆锥齿轮连接，从动圆锥齿轮与一个小齿轮连接，小齿轮与两个行星齿轮连接，行星齿轮与内齿圈啮合，进而驱动第六关节，实现手腕偏转，即手转运动。

（2）近距离驱动

六自由度协作机械臂的手腕关节采用的是由电动机直接带动减速机构，进而驱动关节回转的驱动方式，属于近距离驱动手腕关节。此外，利用气压、液压及力矩电动机驱动的手腕采用直接驱动方式，无须采用减速器及传动机构。

二、工业机器人手臂及基座

（一）工业机器人的手臂

机器人手臂是连接机器人基座与手腕的部件，功能是使机器人末端到达空间中的指定位置。手臂一般具有三个自由度，以实现机器人在X、Y、Z三个方向上的定位。可以依据机器人的坐标系构型来搭建手臂关节结构。

1. 直角坐标型机器人手臂

直角坐标型机器人手臂由三个直线关节组成，分别对应X、Y、Z轴的直线运动，其工作空间是一个长方体。由于各轴的运动之间没有耦合，因此手臂控制简单。但是各轴占用空间较大，特别是设计为伸缩结构的关节，其伸出和缩回时都需要占用空间，因此直角坐标型关节机器人整体占用空间较大。根据作业范围的大小不同，直线关节的布置形式有龙门式和悬臂式两种。直角坐标型机器人多用于物料分拣及搬运作业，手臂末端通常连接单自由度或两自由度手腕，也可以直接连接夹爪、吸盘、激光切割头末端执行器。每个直线关节的运动可以通过伺服电动机或步进电动机驱动滚珠丝杠、同步带等传动机构来实现，并配合燕尾形导轨或圆形导轨等实现支承和导向。直线驱动部件及导向部件需要做好保养和密封，若长期暴露在外会因硬质杂质而产生划痕、锈蚀等，从而影响传动和导向精度。

2. 圆柱坐标型机器人手臂

圆柱坐标型机器人手臂具有一个回转关节和两个直线关节。其运动空间是一个环形柱面空间。圆柱坐标型机器人手臂的关节布置一般是第一个关节为回转关节，第二个关节为升降关节，第三个关节为伸缩关节，这种构型适用于需深入被操作对象内部进行操作的机器人。根据具体作业任务的特点，如升降动作频繁、伸出行程长等，还可以将第二关节布置为伸缩关节，第三关节布置为升降关节。圆柱坐标型机器人手臂的全部关节可以采用液压驱动，以承受较大负载；也可以全部采用气压驱动，形成一台简易的点位控制机器人，用于流水线作业。根据作业任务需要，圆柱坐标型机器人手臂末端可以加装手腕关节和夹持机构等。

3. 球坐标型机器人手臂

球坐标型机器人手臂具有两个回转关节和一个直线关节，采用球坐标系确定手臂末端位置。Unimate 重达 2 t，采用液压执行机构驱动；其基座上有一个大机械臂，该机械臂可绕轴在基座上回转和俯仰；大臂上又伸出一个小机械臂，它可以相对大臂伸出或缩回。Unimate 最早在通用汽车公司安装运行，被用来运送热的压铸金属件，并将其焊接到汽车车身部件上。

4. 平面关节型机器人手臂

平面关节型机器人是专为装配作业设计的机械臂。大量的装配作业是垂直向下进行的，要求手爪的水平移动有较好的柔顺性，以补偿位置误差，并要求机器人手臂垂直移动以及绕水平轴转动时有较好的刚性，以便准确有力地装配。另外，还要求机器人手臂绕 Z 轴转动时有较好的柔顺性，以便于与键配合。平面关节型机器人的结构特点使得它可以满足上述要求。SCARA 机器人是目前应用较多的工业机器人之一。SCARA 机器人的另一个特点是其串接的两杆结构类似人的手臂，可以伸进有限空间中作业然后收回，适合于搬动和取放物件，如插装集成电路板等。

5. 拟人关节型机器人手臂

拟人关节型机器人手臂由三个回转关节——腰关节、肩关节和肘关节组成。根据机器人关节位置的布置，肩关节和肘关节也常常分别被称为大臂关节和小臂关节。大臂关节与小臂关节的回转轴线通常是水平且平行的，两个关节的运动可以使机器人末端定位在一个铅垂面内；再通过腰关节的回转，实现空间的定位。拟人关节型手臂在空间中的运动更灵活、更复杂，其控制也更复杂。最早的拟人关节型手臂是 PUMA 机器人，这类机器人至今仍然工作在工厂一线。

6. 并联型机器人手臂

并联机器人是机器人末端通过两条或两条以上机械手臂连接到固定平台的一种机器人。并联机器人形式非常灵活多样，Delta 机器人就是一种常用于工业上的三自由度并联机器人。

7. 冗余自由度机器人手臂

从运动学的观点看，在完成某一特定作业时具有多余自由度的机器人，就称为冗余自由度机器人。例如，PUMA 562机器人去执行印制电路板上接插电子器件的作业时就成为冗余自由度机器人。可以利用冗余自由度增强机器人的灵活性、躲避障碍物的能力和改善其动力性能。

（二）工业机器人的基座

工业机器人的基座分为固定式和移动式。

1. 固定式基座

工业机器人的作业内容一般比较固定，根据作业区域的特点以及机器人工作空间的特点，可以将机器人固定在作业区域的地面、侧面或顶面。固定在地面的机器人最为常见。

2. 移动式基座

移动式基座由行走驱动装置、传动机构、位置检测元件、传感器、电缆等组成。移动式基座可以大大拓展机器人的作业范围，提高机器人作业效率。不同于在室外作业的移动机器人，采用移动式基座的工业机器人不需要面对复杂的地形，工作场所较为固定和平整。因此，工业机器人的移动式基座主要有沿着导轨的固定轨道移动式，以及轮式自由移动式，其中，固定轨道移动式基座在工业机器人中应用最为广泛。

（1）固定轨道移动式基座

采用固定轨道移动式基座的工业机器人广泛应用在各类自动化生产线上。在某些应用场景机器人需要在某个方向上具有较长的行程，这时可以考虑给机器人增加行走轴（该行走轴也被称为机器人第七轴或机器人附加轴），就是把六自由度机器人装置在一个单轴的长行程运动体系中，这样可极大地扩展机器人的作业范围。机器人行走轴按安装位置可分为地装式、天吊式；按行走的轨道可分为直线式、弧线式、直线弧线复合式。在选用弧形机器人导轨时，可使机器人沿着圆心做弧形运动，但须注意选用较大的拐弯直径。

工业机器人增加行走轴，需要传动机构和支承导向机构，常用的传动机构根据负载、行程、轨道形状的不同可以选用同步带传动机构、滚珠丝杠传动机构、齿轮齿条传动机构等。

常用的支承导向机构的导轨有圆形导轨、燕尾形导轨、矩形导轨等。考虑到六自由度机器人属于精细机械设备，对支承导轨的精度和刚度具有较高的要求，最常选用矩形滚轮直线导轨，其优点如下：第一，两根精磨矩形导轨平行放置，通过拼接可得到很长的行程，行程可达 20 m 乃至更长，其中的一根导轨可带齿条，为一体式齿条导轨，简化了装置；第二，总共四个滚轮组，每根矩形导轨和两个滚轮组配套；每个滚轮组上装有三个滚轮轴承，不管机器人怎么运动，每个滚轮轴承都只承受径向力，这种受力状况对滚轮轴承来说是最理想的。

（2）轮式自由移动式基座

有一些自动化工厂需要物流搬运机器人，而一般工厂的地形环境较好，在这种环境下，采用轮式自由移动式基座的工业机器人较足式和履带式工业机器人效率高，被广泛应用于工业现场。自动导引运输车（Automated Guided Vehicle，AGV）是一种电磁或光学自动导引装置，能够沿规定的导引路径行驶，具有安全保护以及各种移载功能，采用无人驾驶技术，是自动化生产线中运送物料、零部件、刀具等的主要工业机器人，也是智能物流、智能工厂中的关键设备之一，近年来迎来了巨大的发展，在各领域广泛应用。AGV及其他物流机器人多采用轮式自由移动式基座，根据不同作业任务的要求，配有不同数量的轮子，采用不同的驱动方式。

第三节　工业机器人行业应用

工业机器人的应用包括搬运、焊接、喷涂和打磨等复杂作业。本章将对工业机器人的常见应用进行相应介绍。

一、搬运机器人

搬运机器人是可以进行自动搬运作业的工业机器人，搬运时其末端执行器夹持工件，将工件从一个加工位置移动至另一个加工位置。

搬运机器人具有如下优点：

(1)动作稳定，搬运准确性较高；

(2)定位准确，保证批量一致性；

(3)能够在有毒、粉尘、辐射等危险环境中作业，能改善工人的劳动条件；

(4)生产柔性高、适应性强，可实现多形状、不规则物料的搬运；

(5)能够部分代替人工操作，且可以进行长期重载作业，生产效率高。

基于以上优点，搬运机器人广泛应用于机床上下料、压力机自动化生产线、自动装配流水线、集装箱搬运等场合。

（一）搬运机器人的分类

按照结构形式的不同，搬运机器人可分为3大类：直角式搬运机器人、关节式搬运机器人和并联式搬运机器人。其中，关节式搬运机器人又分为水平关节式搬运机器人和垂直关节式搬运机器人。

1. 直角式搬运机器人

直角式搬运机器人主要由X轴、Y轴和Z轴组成。多数采用模块化结构，可根据负载的位置、大小等选择对应直线运动单元以及组合结构形式。如果在移动轴上添加旋转轴就成为4轴或5轴搬运机器人。此类机器人具有较高的强度和稳定性，负载能力大，可以搬运大物料、重吨位物件，且编程操作简单，广泛应用于生产线转运、机床上下料等大批量生产过程。

2. 关节式搬运机器人

关节式搬运机器人是目前工业应用最广泛的机型，具有结构紧凑、占地空间小、相对工作空间大、自由度高等特点。

(1)水平关节式搬运机器人

这种机器人一般为4个轴，是一种精密型搬运机器人，具有速度快、精度高、柔性好、重复定位精度高等特点，在垂直升降方向刚性好，尤其适用于平面搬运场合，广泛应用于电子、机械和轻工业等产品的搬运。

(2)垂直关节式搬运机器人

这种机器人多为6个自由度，其动作接近人类，工作时能够绕过基座周围的一些障碍物，动作灵活，广泛应用于汽车、工程机械等行业。

3. 并联式搬运机器人

这种机器人多指 DELTA 并联机器人，它具有 3～4 个轴，是一种轻型、高速搬运机器人，能安装于大部分斜面，独特的并联机构可实现快速、敏捷动作且非累积误差较低，具有小巧高效、安装方便和精度高等优点，广泛应用于 IT、电子产品、医疗药品、食品等的搬运。

（二）搬运机器人的系统组成

此处仅介绍机器人持工具的打磨机器人系统的基本组成，其系统主要包括操作机、控制器、示教器、打磨作业系统和周边设备。图 9 所示为机器人持工具的打磨机器人系统组成。

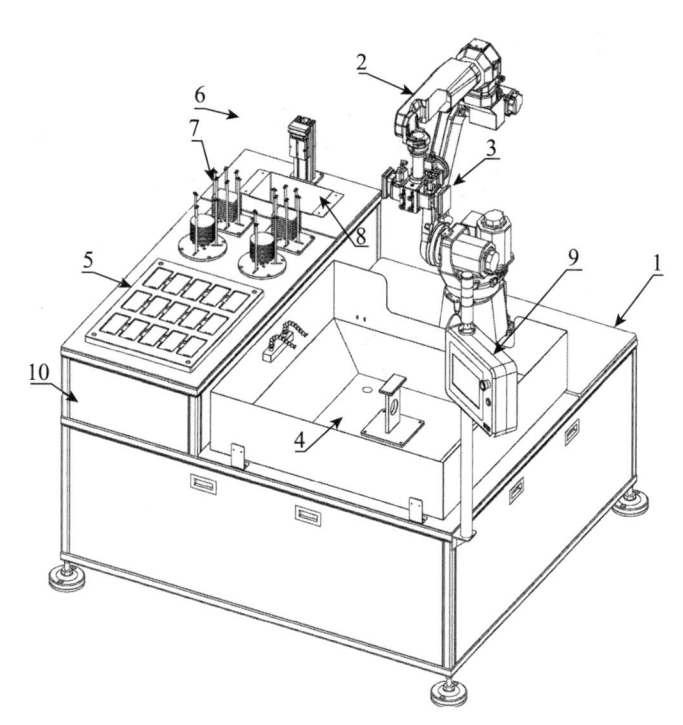

图 9　机器人持工具的打磨机器人系统组成

1. 搬运作业系统

该系统主要由搬运型末端执行器和真空负压站组成。通常企业都会有一个大型真空负压站，为整个生产车间提供气源和真空负压。一般由单台或双台真空泵作为获得真空环境的主要设备，以真空罐为真空存储设备，连接电气控制部分组成真空负压站。双泵工作可加强系统的保障性。对于频繁使用真空源而所需抽气量不太大的场合，该真空站系统比直接使用真空泵作为真空源节约了能源，并有效地延长了真空泵的使用寿命，提高了企业的经济效益。

2. 周边设备

周边设备包括安全保护装置、机器人安装平台、输送装置、工件摆放装置等，用来辅助搬运机器人系统完成整个搬运作业。对于某些搬运场合，由于搬运空间较大，因此搬运机器人的末端执行器往往无法到达指定的搬运位置或姿态，此时需要通过外部轴来增加机器人的自由度。搬运机器人增加自由度最常用的方法是利用移动平台装置，将其安装在地面或龙门支架上，以扩大机器人的工作范围。

二、焊接机器人

焊接机器人是指从事焊接作业的工业机器人，它能够按作业要求（如轨迹、速度等）将焊接工具送到指定空间位置，并完成相应的焊接过程。大部分焊接机器人是通用的工业机器人配上某种焊接工具而构成的，只有少数是为某种焊接方式专门设计的。

焊接机器人主要有以下优点：

（1）具有较高的稳定性，能提高焊接质量，保证焊接产品的均一性；

（2）能够在有害、恶劣的环境下作业，改善工人的劳动条件；

（3）降低对工人操作技术的要求，且可以进行连续作业，生产效率高；

（4）可实现小批量产品的焊接自动化生产；

（5）能够缩短产品更新换代的准备周期，减少相应的设备投资，提高企业效益；

（6）改进一种柔性自动化生产方式，可以在一条焊接生产线上同时自动生产多种焊件。

焊接机器人是应用最广泛的一类工业机器人，在各国机器人应用比例中占总数的40%～60%，广泛应用于汽车、土木建筑、航天、船舶、机械加工、电子电气等相关领域。

（一）焊接机器人的分类

目前，焊接机器人基本上都是关节型机器人，绝大多数有6个轴。根据焊接工艺的不同，焊接机器人主要分3类：点焊机器人、弧焊机器人和激光焊机器人。

1. 点焊机器人

点焊机器人是指用于自动点焊作业的工业机器人，其末端执行器为焊钳。在机器人焊接应用领域中，最早出现的便是点焊机器人，用于汽车装配生产线上的电阻点焊。

点焊适用于薄板焊接领域，如汽车车身焊接、车门框架定位焊接等。点焊只需要点位控制，对于焊钳在点与点之间的运动轨迹没有严格要求，这使得点焊过程相对简单，对点焊机器人的精度和重复定位精度的控制要求比较低。

点焊机器人的负载能力要求高，而且在点与点之间的移动速度要快，动作要平稳，定位要准确，以便于缩短移位时间，提高工作效率。另外，点焊机器人在点焊作业过程中，要保证焊钳能自由移动，可以灵活地变动姿态，同时电缆不能与周边设备产生干涉。点焊机器人还具有报警系统，如果在示教过程中操作者有错误操作或者在再现作业过程中出现某种故障，点焊机器人的控制器会发出警报，自动停机，并显示错误或故障的类型。

2. 弧焊机器人

弧焊机器人是指用于自动弧焊作业的工业机器人，其末端执行器是弧焊作业用的各种焊枪。目前工业生产应用中，弧焊机器人的作业主要包括熔化极气体保护焊作业和非熔化极气体保护焊作业两种类型。

（1）熔化极气体保护焊

这是指连续等速送进可熔化的焊丝并将被焊工件之间的电弧作为热源来熔化焊丝和母材金属，形成熔池和焊缝，同时利用外加保护气体作为电弧介质来保护熔滴、熔池金属及焊接区高温金属免受周围空气的有害作用，从而得到良好焊缝的焊接方法。

熔化极气体保护焊的特点如下：

①在焊接过程中，电弧及熔池的加热熔化情况清晰可见，便于发现问题与及时调整，故焊接过程与焊缝质量易于控制；

②在通常情况下不需要采用管状焊丝，焊接过程中没有熔渣，故焊后不需要清渣，从而降低了焊接成本；

③适用范围广，生产效率高；

④焊接时，采用明弧和使用的电流密度大，电弧光辐射较强，且不适于在有风的地方或露天施焊，往往设备较复杂。

（2）非熔化极气体保护焊

这主要是指钨极惰性气体保护焊（TIG 焊），即采用纯钨或活化钨作为不熔化电极，利用外加惰性气体作为保护介质的一种电弧焊方法。TIG 焊广泛用于焊接容易氧化的有色金属如铝、镁及其合金，不锈钢、高温合金、钛及钛合金，还有难熔的活性金属（如钼、铌、锆等）。

TIG 焊有如下特点：

①在弧焊过程中，电弧可以自动清除工件表面的氧化膜，适用于焊接易氧化、化学活泼性强的有色金属、不锈钢和各种合金；

②钨极电弧稳定，即使在很小的焊接电流（<10 A）下仍可稳定燃烧，特别适用于薄板、超薄板材料的焊接；

③热源和填充焊丝可分别控制，热输入容易调节，可进行各种位置的焊接；

④钨极承载电流的能力较差，过大的电流会引起钨极的熔化和蒸发，其微粒有可能进入熔池，造成污染。

3. 激光焊机器人

激光焊机器人是指用于激光焊接自动作业的工业机器人，能够实现更加柔性的激光焊接作业，其末端执行器是激光加工头。

传统的焊接由于热输入极大，会导致工件扭曲变形，从而需要大量的后续加工手段来弥补此变形，致使费用加大。而采用全自动的激光焊接技术可以极大地减小工件变形，提高焊接产品的质量。激光焊接属于熔融焊接，是将高强度的激光束辐射至金属表面，通过激光与金属的相互作用，金属吸收激光转化为热能使金属熔化后冷却结晶形成焊接。激光焊接属于非接触式焊接，作业过程中不需要加压，但需要使用惰性气体以防熔池氧化。

激光焊接的特点如下：

（1）焦点光斑小，功率密度高，能焊接高熔点、高强度的合金材料；

（2）无需电极，没有电极污染或受损的顾虑；

（3）属于非接触式焊接，可极大地降低机具的耗损及变形；

（4）焊接速度快，功效高，可进行任何复杂形状的焊接，且可焊材质的种类范围大；

（5）热影响区小，材料变形小，无须后续工序；

（6）不受磁场所影响，能精确地对准焊件；

（7）焊件位置需非常精确，务必在激光束的聚焦范围内；

（8）高反射性及高导热性材料（如铝、铜及其合金等）的焊接性会被激光改变。

由于激光焊接具有能量密度高、变形小、焊接速度高、无后续加工的优点，近年来，激光焊机器人广泛应用在汽车、航天航空、国防工业、造船、海洋工程、核电设备等领域，非常适用于大规模生产线和柔性制造，如图10所示。

图10 激光焊接机器人

（二）弧焊动作

一般而言，弧焊机器人进行焊接作业时主要有4种基本的动作形式：直线运动、圆弧运动、直线摆动和圆弧摆动。其他任何复杂的焊接轨迹都由这4种基本动作形式组成。焊接作业时的附加摆动是为了保证焊缝位置对中和焊缝两侧熔合良好。

1. 直线摆动机器人沿着一条直线做一定振幅的摆动

直线摆动程序先示教1个摆动开始点，再示教2个振幅点和1个摆动结束点。

2. 圆弧摆动机器人能够以一定的振幅摆动通过一段圆弧

圆弧摆动程序先示教1个摆动开始点，再示教2个振幅点和1个圆弧摆动中间点，最后示教1个摆动结束点。

（三）焊接机器人的系统组成

1. 点焊机器人的系统组成

点焊机器人系统主要由操作机、控制器、示教器、点焊作业系统和周边设备组成。

（1）点焊作业系统

包括焊钳、点焊控制器、供电系统、供气系统和供水系统等。

焊钳：焊钳是指将点焊用的电极、焊枪架和加压装置等紧凑汇总的焊接装置。点焊机器人的焊钳种类较多，从外形结构上可分为X型焊钳和C型焊钳，按电极臂的加压驱动方式可分为气动焊钳和伺服焊钳。

X型焊钳主要用于点焊水平及近于水平倾斜位置的焊点，电极做旋转运动，其运动轨迹为"圆弧"；C型焊钳主要用于点焊垂直及近于垂直倾斜位置的焊点，电极做直线往复运动。气动焊钳是目前点焊机器人采用较广泛的，主要利用气缸压缩空气驱动加压气缸活塞，通常具有2～3个行程，能够使电极完成大开、小开和闭合3个动作，电极压力经调定后是不能随意变化的；伺服焊钳采用伺服电动机驱动完成电极的张开和闭合，脉冲编码器反馈，其张开度可随实际需要任意设定并预置，且电极之间的压紧力可实现无级调节。

点焊控制器：焊接电流、通电时间和电极加压力是点焊的三大条件，而点焊控制器是合理控制这三大条件的装置，是点焊作业系统中最重要的设备。它由微处理器及部分外围接口芯片组成，其主要功能是完成点焊时的焊接参数输入、点焊程序控制、焊接电流控制以及焊接系统故障自诊断，并实现与机器人控制器、示教器的通信联系。该装置启动后，系统一般就会自动进行一系列的焊接工序。

供电系统：供电系统主要包括电源和机器人变压器，其作用是为点焊机器人系统提供动力。

供气系统：供气系统包括气源、水气单元和焊钳进气管等。其中，水气单元包括压力开关、电缆、阀门、管子、回路、连接器和接触点等，用来提供水、气回路。

供水系统：供水系统包括冷却水循环装置、焊钳冷水管和焊钳回水管等。由于点焊是低压大电流焊接，在焊接过程中，导体会产生大量的热量，因此焊钳、焊钳变压器需要水冷。

（2）周边设备

周边设备包括安全保护装置、机器人安装平台、输送装置、工件摆放装置、电极修磨机、点焊机压力测试仪和焊机专用电流表等，用以辅助点焊机器人系统完成整个点焊作业。

电极修磨机：用于对点焊过程中磨损的电极进行打磨，去除电极表面的污垢。

点焊机压力测试仪：用于焊钳的压力校正。在点焊过程中，为了保证焊接质量，电极加压力是一个重要因素，需要对其进行定期测量。

焊机专用电流表：用于设备的维护以及点焊时二次短路电流的测试。

2. 弧焊机器人的系统组成

弧焊机器人系统主要由操作机、控制器、示教器、弧焊作业系统和周边设备组成。

（1）弧焊作业系统

弧焊作业系统主要由弧焊电源、焊枪、送丝机、保护气气瓶总成和焊丝盘架组成。

弧焊电源：弧焊电源是用来对焊接电弧提供电能的一种专用设备。弧焊电源的负载是电弧，它必须具有弧焊工艺所要求的电气性能，如合适的空载电压、一定形状的外特性、良好的动态特性和灵活的调节特性等。

111

弧焊电源按输出的电流分，有 3 类：直流、交流和脉冲。按输出外特性特征分，也有 3 类：恒流特性、恒压特性和缓降特性（介于恒流特性与恒压特性两者之间）。

熔化极气体保护焊的焊接电源通常有直流和脉冲两种，一般不使用交流电源。其采用的直流电源有磁放大器式弧焊整流器、晶闸管弧焊整流器、晶体管式和逆变式等几种。

为了安全起见，每个焊接电源均须安装无熔丝的断路器或带熔丝的开关；母材侧电源电缆必须使用焊接专用电缆，并避免电缆盘卷，否则因线圈的电感储积电磁能量，二次侧切断时会产生巨大的电压突波，从而导致电源出现故障。

焊枪：焊枪是指在弧焊过程中执行焊接操作的部件。它与送丝机连接，通过接通开关将弧焊电源的大电流产生的热量聚集在末端来熔化焊丝，而熔化的焊丝渗透到需要焊接的部位，冷却后，被焊接的工件牢固地连接在一起。

焊枪一般由喷嘴、导电嘴、气体分流器、喷嘴接头和枪管（枪颈）等部分组成。有时在机器人的焊枪把持架上配备防撞传感器，其作用是当机器人在运动时，万一焊枪碰到障碍物，能立即使机器人停止运动，避免损坏焊枪或机器人。

其中，导电嘴装在焊枪的出口处，能够将电流稳定地导向电弧区。导电嘴的孔径和长度因焊丝直径的不同而不同。喷嘴是焊枪的重要零件，其作用是向焊接区域输送保护气体，防止焊丝末端、电弧和熔池与空气接触。

焊枪的种类很多，根据焊接工艺的不同选择相应的焊枪。焊枪按照焊接电流的大小可分为空冷式和水冷式，根据机器人的结构可分为内置式和外置式。

其中，焊接电流在 500 A 以下的焊枪一般采用空冷式，而超过 500A 的焊枪一般采用水冷式；内置式焊枪的安装要求机器人末端的连接法兰必须是中空的，而通用型机器人通常选择外置式焊枪。

送丝机：送丝机是为焊枪自动输送焊丝的装置，一般安装在机器人的第 3 轴上，由送丝电动机、加压控制柄、送丝滚轮、送丝导向管、加压滚轮等组成，如图 11 所示。

图 11 送丝机的组成

1—加压控制柄　2—送丝电动　3—送丝滚轮
4—送丝导向管接头　5—加压滚轮

送丝电动机驱动送丝滚轮旋转，为送丝提供动力，加压滚轮将焊丝压入送丝滚轮上的送丝槽，增大焊丝与送丝滚轮的摩擦，将焊丝修整平直，平稳送出，使进入焊枪的焊丝在焊接过程中不会出现卡丝现象。根据焊丝直径的不同，调节加压控制手柄可以调节压紧力的大小。而送丝滚轮的送丝槽一般有 $\varphi 0.8mm$、$\varphi 1.0mm$、$\varphi 1.2mm$ 三种，应按照焊丝的直径选择相应的输送滚轮。

送丝机按照送丝形式可分为推丝式、拉丝式和推拉丝式，按照送丝滚轮的数目可分为一对滚轮和两对滚轮。

推丝式送丝机主要用于直径为 0.8～2.0 mm 的焊丝，它是应用最广的一种送丝机；拉丝式送丝机主要用于细焊丝（焊丝直径小于或等于 0.8 mm），因为细焊丝刚性小，推丝过程易变形，难以推丝；而推拉丝式送丝机既有推丝机，又有拉丝机，但由于结构复杂，调整麻烦，实际应用并不多。送丝机的结构有一对送丝滚轮的，也有两对滚轮的；有只用一个电动机驱动一对或两对滚轮的，也有用两个电动机分别驱动两对滚轮的。

焊丝盘架：焊丝盘架既可装在机器人的第 1 轴上，也可放置在地面上。焊丝盘架用于固定焊丝盘。

（2）周边设备

周边设备包括变位机、焊枪清理装置和工具快换装置等，用以辅助弧焊机器人系统完成整个弧焊作业。

变位机：在某些焊接场合，因工件空间的几何形状过于复杂，使得焊枪无法到达指定的焊接位置或姿态，此时需要采用变位机来增加机器人的自由度。

变位机的主要作用是实现焊接过程中将工件进行翻转变位，以便获得最佳的焊接位置，可缩短辅助时间，提高劳动生产率，改善焊接质量。如果采用伺服电动机驱动变位机翻转，可作为机器人的外部轴，与机器人实现联动，达到同步运行的目的。

焊枪清理装置：焊枪经过长时间焊接后，内壁会积累大量的焊渣，影响焊接质量，因此需要使用焊枪清理装置进行定期清除。而焊丝过短、过长或焊丝端头呈球形，也可以通过焊枪清理装置进行处理。

3. 激光焊机器人的系统组成

激光焊接机器人系统主要由操作机、控制器、示教器、激光焊接作业系统和周边设备组成。

（1）激光焊接作业系统

激光焊接作业系统一般由激光加工头、激光发生器等组成。

激光加工头：激光加工头是执行激光焊接的部件，其运动轨迹和激光加工参数是由机器人控制器提供指令进行的。

激光发生器：激光发生器的作用是将电能转化为光能，产生激光束，主要有CO_2气体激光发生器和YAG固体激光发生器两种。CO_2气体激光发生器的功率大，目前主要应用于深熔焊接，而在汽车领域，YAG固体激光发生器的应用更广。随着科学技术的迅猛发展，半导体激光器的应用越加广泛，其具有占地面积小、功率大、冷却系统小、光可传导、备件更换频率和费用低等优点。

（2）周边设备

周边设备包括安全保护装置、机器人安装平台、输送装置和工件摆放装置等，用以辅助激光焊接机器人系统完成整个焊接作业。

三、喷涂机器人

喷涂机器人又叫作喷漆机器人，是可以进行自动喷漆或喷涂其他涂料的工业机器人。喷涂机器人适用于产品型号多、表面形状不规则的工件外表面喷涂。喷涂机器人具有以下优点：

（1）工件喷涂均匀，重复精度好，能获得较高质量的喷涂产品；

（2）提高了涂料的利用率，降低了喷涂过程中有害挥发性有机物的排放量；

（3）柔性强，能够适应多品种、小批量的喷涂任务；

（4）提高了喷枪的运动速度，缩短了生产节拍，效率显著高于传统的机械喷涂；

（5）易于操作和维护，可离线编程，大大地缩短现场调试时间。

基于以上优点，喷涂机器人被广泛应用于汽车及其零配件、仪表、家电、建材和机械等行业。

（一）喷涂机器人的分类

按照机器人手腕结构形式的不同，喷涂机器人可分为球型手腕喷涂机器人和非球型手腕喷涂机器人。其中，非球型手腕喷涂机器人根据相邻轴线的位置关系又可分为正交非球型手腕和斜交非球型手腕两种形式。

1. 球型手腕喷涂机器人

球型手腕喷涂机器人除了具备防爆功能外，其手腕的结构与通用六轴关节型工业机器人相同，即1个摆动轴和2个回转轴，3个轴线相交于一点，且两相邻关节的轴线垂直。具有代表性的国外产品有ABB公司的IRB52喷涂机器人，国内产品有新松公司SR35A喷涂机器人。

2. 非球型手腕喷涂机器人

（1）正交非球型手腕喷涂机器人

正交非球型手腕喷涂机器人的3个回转轴相交于两点，且相邻轴线的夹角为90°。具有代表性的为ABB公司的IRB5400、IRB5500喷涂机器人。

(2)斜交非球型手腕喷涂机器人

斜交非球型手腕喷涂机器人的手腕相邻两轴线不垂直,而是具有一定角度,为3个回转轴,且3个回转轴相交于两点的形式。具有代表性的为YAS-KAWA、Kawasaki、FANUC公司的喷涂机器人。

(二)喷涂机器人的系统组成

典型的喷涂机器人工作站主要由操作机、机器人控制系统、供漆系统、自动喷枪/旋杯、供电系统等组成。

1. 操作机

喷涂机器人与普通工业机器人相比,操作机在结构方面的差别主要是防爆、油漆及空气管路和喷枪的布置所导致的差异,归纳起来主要特点如下:

(1)手臂的工作范围较大,进行喷涂作业时可以灵活避障;

(2)手腕一般有2~3个自由度,适合内部、狭窄的空间及复杂工件的喷涂。

一般在水平手臂上搭载喷涂工艺系统,从而缩短清洗、换色时间,提高生产效率,节约涂料及清洗液。

2. 喷涂机器人控制系统

喷涂机器人控制系统主要完成主体和喷涂工艺控制,本体控制在控制原理、功能及组成上与通用工业机器人基本相同。喷涂工艺的控制则是对供漆系统的控制,即负责对涂料单元控制盘、喷枪/旋杯单元进行控制,发出喷枪/旋杯开关指令,自动控制和调整喷涂的参数,以控制换色阀及涂料混合器完成清洗、换色、混色作业。

3. 供漆系统

供漆系统主要由涂料单元控制盘、气源、流量调节器、齿轮泵、涂料混合器、换色阀、供漆供气管路及监控管线组成。涂料单元控制盘简称气动盘,它接收机器人控制系统发出的喷涂工艺的控制指令,精准控制调节器、齿轮泵、喷枪/旋杯完成流量、空气雾化和空气成型的调整,同时控制涂料混合器、换色阀,以实现高质量和高效率的喷涂。

4. 自动喷枪/旋杯

喷枪是利用液体或压缩空气迅速释放作为动力的一种设备。目前,高速旋杯式静电喷枪已成为应用最广的工业喷涂设备。它在工作时利用旋杯的高速旋转运动产生离心作用，将涂料在旋杯内表面伸展成为薄膜，并通过巨大的加速度使其向旋杯的边缘运动，在离心力及强电场的双重作用下涂料破碎为极细的且带电的雾滴，向极性相反的被涂工件运动，沉积在被涂工件的表面，形成均匀、平整、光滑、丰满的涂膜。

5.供电系统

供电系统负责向喷漆机器人、机器人控制器和供漆系统进行供电。

综上所述，喷涂机器人主要包括机器人和自动喷涂设备两部分。其中，机器人由机器人本体及完成喷涂工艺控制的控制系统组成，而自动喷涂设备主要由供漆系统及自动喷枪/旋杯组成。

四、打磨机器人

打磨机器人是指可进行自动打磨的工业机器人，主要用于工件的表面打磨、棱角去毛刺、焊缝打磨、内腔内孔去毛刺、孔口螺纹口加工等工作。

打磨机器人的优点如下：

（1）改善工人劳动环境，可在有害环境下长期工作；

（2）降低对工人操作技术的要求，减轻工人的工作劳动力；

（3）安全性高，避免因工人疲劳或操作失误引起的风险；

（4）工作效率高，一天可24h连续生产；

（5）提高打磨质量，产品精度高，且稳定性好，保证其一致性；

（6）环境污染少，减少二次投资。

打磨机器人广泛应用于3C、卫浴五金、IT、汽车零部件、工业零件、医疗器械、木材建材家具制造、民用产品等行业。

（一）打磨机器人的分类

在目前的实际应用中，打磨机器人大多是六轴机器人。根据末端执行器性质的不同，打磨机器人系统可分为两大类：机器人持工件和机器人持工具。

1.机器人持工件

机器人持工件通常用于需要处理的工件相对比较小，机器人通过其末端执行器抓取待打磨工件并操作工件在打磨设备上进行打磨。一般在该机器人的周围有一台或数台工具。这种方式应用较多，其特点如下：

（1）可以跟随很复杂的几何形状；

（2）可以将打磨后的工件直接放到发货架上，容易实现现场流线化；

（3）在一个工位上完成机器人的装件、打磨和卸件，投资相对较小；

（4）打磨设备可以很大，也可以采用大功率，可以使打磨设备的维护周期加长，加快打磨速度；

（5）可以采用便宜的打磨设备。

2. 机器人持工具

机器人持工具一般用于大型工件或对于机器人来说比较重的工件。机器人末端持有打磨抛光工具并对工件进行打磨抛光。工件的装卸可由人工进行，再由机器人自动地从工具架上更换所需的打磨工具。通常在此系统中采用力控制装置来保证打磨工具与工件之间的压力一致，以补偿打磨头的消耗，获得均匀一致的打磨质量，同时也能简化示教。这种方式有如下的特点：

（1）要求工具的结构紧凑、重量轻；

（2）打磨头的尺寸小，消耗快，更换频繁；

（3）可以从工具库中选择和更换所需的工具；

（4）可以用于磨削工件的内部表面。

（二）打磨机器人的系统组成

此处仅介绍机器人持工具的打磨机器人系统的基本组成，其系统主要包括操作机、控制器、示教器、打磨作业系统和周边设备。

1. 打磨作业系统

打磨作业系统包括打磨动力头、变频器、力传感器、力传感器控制器和自动快换装置等。

（1）打磨动力头

打磨动力头是一种用于机器人末端进行自动化打磨的装置。

根据工作方式的不同，打磨可分为刚性打磨和柔性打磨。其中，刚性打磨通常应用在工件表面较为简单的场合，由于刚性打磨头与工件之间属于硬碰硬性质的应用，很容易因工件尺寸偏差和定位偏差造成打磨质量下降，甚至会损坏设备；而在工件表面比较复杂的情况下一般采用柔性打磨，柔性打磨头中的浮动机构能有效地避免刀具和工件的损坏，吸收工件及定位等各方面的误差，以使工具的运行轨迹与工件表面的形状一致，实现跟随加工，保证打磨质量。

在实际应用过程中，要根据工件及工艺要求的不同，选用适合的刚性和柔性打磨头。

（2）变频器

变频器是利用电力半导体器件的通断作用将工频电源（通常为 50 Hz）变成频率连续可调的电能控制装置。其本质上是一种通过频率变换方式来进行转矩（速度）和磁场调节的电机控制器。

（3）自动快换装置

在多任务作业环境中，一台机器人要能够完成抓取、搬运、安装、打磨、卸料等多种任务，而自动快换装置的出现，让机器人能够根据程序要求和任务性质，自动快速地更换末端执行器，完成相应的任务。自动快换装置能够让打磨机器人快速从工具库中选择和更换所需的工具。

2. 周边设备

周边设备包括安全保护装置、机器人安装平台、输送装置、工件摆放装置、消音装置等，用以辅助打磨机器人系统完成整个打磨作业。

打磨工具会产生刺耳的高频噪声，打磨粉尘也会对车间造成污染，因此，打磨机器人系统应放置在消音房中，采用吸隔音墙体来降低噪声；房顶采用除尘管道，其接口可以连接车间的中央除尘系统，浮尘可由除尘系统抽走处理，大颗粒灰尘沉积下来定期由人工清扫。

第五章
3D 打印技术在机械制造业中的应用

第一节　3D 打印技术的简介与分类

一、3D 打印技术简介

早在 19 世纪 80 年代，快速原型（Rapid Prototyping，RP）的概念已被人们提出。早期的快速原型技术由于受材料、工艺以及设备性能等限制，能处理的材料只限于树脂、蜡、某些工程塑料和纸等几类，所成型实体（包括非金属件及金属件）的强度和精度都与实际应用要求有较大的差距，因此 RP 最初只应用于产品的开发过程并作为一种复杂形状构件原型的成型方法出现，这也是"快速原型"概念的由来。该技术由于不需要传统的刀具、夹具及多道加工工序，可根据产品模型数据，快速制造出形状结构复杂的样件、模具或模型，大大减少产品的工序和缩短生产周期，因此快速原型又被称为快速成型。

快速成型不同于经过车削、刨削、磨削、铣削等去除零件毛坯上多余材料成型的减材制造，以及借助压力成型和铸造成型的等材制造，其将材料逐层堆积黏结成型，因而亦被称为增材制造（Additive Manufacturing，AM）。该技术通过材料的逐层累加、基于三维 CAD 数据，直接成型与数据模型完全相同的实体零件，如图 12 所示。增材制造通常被俗称为 3D 打印（3D printing），它通常以三维 CAD 模型为蓝本，通过软件对模型进行分层离散，采用数控成型系统，利用激光束、热熔喷嘴等方式，将金属粉末、塑料丝材、陶瓷粉末、细胞组织等特殊的可黏结材料，进行逐层堆积黏结，最终叠加成型，制造出实体产品。

增材制造法（additive manufacturing）

减材制造法（subtractive manufacturing）

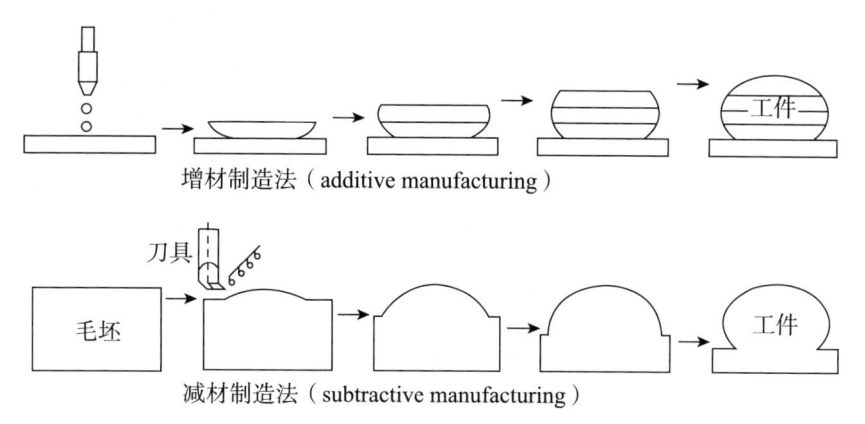

图 12　增材制造法与减材制造法

近年，国内外媒体、学术界以及社会公众掀起了关注 3D 打印（3D printing）技术的热潮，各级政府部门开始关注并制订 3D 打印技术的发展规划。2012 年，英国著名杂志《经济学人》发表专题报告指出，3D 打印技术使个性化生产成为可能，该技术将推动世界制造业的深刻变革。美国《时代》周刊也将 3D 打印列为"美国十大增长最快的工业"。随着 3D 打印技术的发展，3D 打印正在逐渐改变人们传统的生产方式和生活方式。

3D 打印技术是一种综合了数字建模、机电控制、信息、材料科学与化学等前沿技术的高科技。作为中国制造业的发展重点以及第三次工业革命的重要技术之一，3D 打印技术在未来具有广阔的市场前景。目前，3D 打印技术已经被广泛地应用于航空航天、汽车、工业模具、生物、医疗、珠宝、艺术创作等领域。

二、3D 打印技术的特点

相比其他制造技术，3D 打印技术具有很多方面的优点。

（一）产品的设计空间无限

由于 3D 打印技术是通过层层叠加方式成型的，因此，理论上只要计算机能设计得出来的模型都可以制造出来。传统制造技术和工匠制造的产品形状有限，制造形状的能力受制于所使用的工具。传统的制造技术（例如车削、铣削、铸造等）往往无法制造出形状复杂的零件，而3D打印技术可以突破这些局限，开辟巨大的设计空间，制造出传统工艺难以加工甚至无法加工的产品。设计师不需要考虑产品的制造问题，可专注于产品形态创意和功能创新。

相对于传统机加工切、削、铣，3D打印作为一种材料堆积制造方式，可以制造各种复杂形状（不受空间可达性影响），可以充分发挥材料的效能比，是未来绿色制造主要方式之一。

（二）产品可小批量生产、个性化定制

运用传统的制造方法制造产品，往往需要制造模具进行批量生产，制造模具的成本昂贵，不适用于小批量生产或者定制化产品。而3D打印技术仅需要在计算机内建立模型即可直接成型零件，无须制造模具即可生产。因此，3D打印技术非常适合生物、医疗等领域定制化植入体的制造。图13所示的人体膝关节植入案例，通过三维扫描等技术获得患者损伤部位的数据，再参照CT数据设计出适合患者的膝关节假体，最后3D打印出该膝关节假体实体，通过临床手术将其植入到患者体内帮助患者恢复原有肢体运动功能。

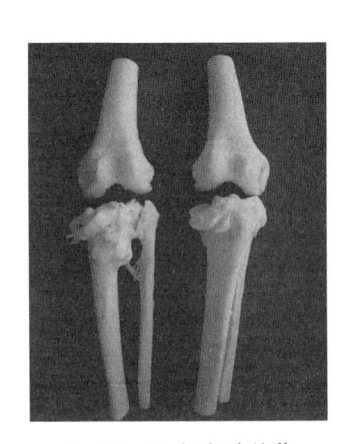

图13　3D打印膝关节

（三）一体化设计，减少部件组装

传统的大规模生产是建立在产业链和流水线基础上的，在现代化工厂中，

机器生产出相同的零部件，然后由工人进行组装。产品组成部件越多，供应链和产品线拉得越长，组装和运输所需要耗费的时间和成本就越多。为了节约组装、运输时间和成本，可通过改善设计把零件设计为一体化，通过3D打印直接成型，从而缩短供应链长度。

打印技术生产的概念验证部件3D打印座椅支架，它还将八个不同的组件合并为一个3D打印部件。该支架比原始部件轻40%，结构强度却提高了20%。

（四）节省原材料，零件近净成型

传统的车、铣、刨、磨、钻等金属加工方式原材料浪费量十分惊人，一些精细化生产甚至会造成90%原材料的丢弃浪费。3D打印技术属于增材制造技术，3D打印机根据设计出来的CAD三维模型，按需使用原材料，省略传统机械加工中间的加工过程，直接加工出所需零件，成型过程中不用剔除边角料，提高了材料的利用率，并且因为摒弃生产线而降低了成本。

随着3D打印技术的发展，近净成型制造将成为更加节约环保的加工方式。

（五）产品制造周期短，制造流程简单

用传统工艺制造零件往往需要模具设计、模具制作等工序，并且模具通常要经过二次加工等工序，制作成本高、周期长。而3D打印制造技术无须制模过程，通过CAD模型数据直接成型，生产周期大大缩短，简化了制造流程，节约生产成本。

（六）优化设计，轻量化设计

轻量化这一概念最先起源于赛车运动，轻量化的优势在于车身重量的减轻可以带来更好的操控性，发动机输出的动力能够产生更高的加速度，因此轻量化对于汽车领域具有巨大的吸引力。除了汽车领域以外，航空航天领域也有大量轻量化的需求。

传统方法制造的零部件内部大多为实体金属，通过轻量化设计使零件在达到强度要求的同时减轻空间有限的重量。而3D打印技术几乎可以成型任意形状的复杂结构，因此该技术在轻量化设计方面具有极大的优势。通过计算

机的拓扑优化设计、多孔结构设计等方法，可使零件在满足使用要求的情况下减轻重量，提高材料的利用率，实现轻量化零件生产。

（七）有利于产品研发，改善产品设计

针对产品的原型，设计师、工程师和制造商之间可以进行多次反复的检查、交流讨论，真切地体验产品的外观、手感，最终确定产品的设计方案。市场需要产品以最快的速度更新换代，但新产品生产出来后，若没有销路，则得不偿失，而按传统技术开发一副模具要几十万元，甚至几百万元。通过3D打印快速创建概念模型，可以把产品快速开发出来，如果该产品符合技术要求和市场需求，再进行模具开发，并批量生产，而且设计人员可以通过3D打印验证自己的产品外观设计的可行性，在这一过程中找出设计的不足之处，并加以改进完善，设计者和客户之间也能够更好地交流，快速调整设计方案。

除了概念设计之外，3D打印还可用于创建功能性原型，通过对原型进行各种性能测试，以改进最终的产品设计参数，可大大缩短产品从设计到生产的时间。3D打印技术可加快设计进程，在产品的安全性和合理性设计、人体工程学设计、市场营销等方面不断改善，从而实现在将产品全面投入生产前对其进行优化，制造出更好的产品。随着3D打印技术的快速发展，3D打印技术将大大超越原型设计，更多用于功能部件、模型、A/B测试甚至铸造。这可以让产品设计师扩展他们目前的设计、测试，甚至在未来的制造业中节省巨大的成本和时间。

自20世纪90年代以来，我国许多高校（西安交通大学、清华大学、华中科技大学、西北工业大学、华南理工大学等）科研团队对3D打印技术及相关应用进行了深入的研究，经过多年的探索，在3D打印技术上取得了长足的进步，部分技术处于世界先进水平。但是，目前3D打印技术仍存在一定的局限性，要想进一步扩展3D打印产业应用空间，面临以下几个问题：

材料、设备价格昂贵：目前3D打印机及材料价格普遍较高，即使有公司推出廉价的3D打印机，但这种打印机只能打印塑料，打印成型的工件应用范围窄，而金属3D打印机价格要几十万元甚至几百万元。由于用于增材制造的材料研发难度大、使用量不多等，3D打印制造成本较高，而制造效率不高。

打印材料受到限制：3D打印技术的局限和瓶颈主要体现在材料上。材料是零件的基础，材料的好坏直接影响成型零件的性能。适合3D打印的材料必须拥有一些独特的性能，如凝固迅速等。虽然我国也研制了一些适合3D打印的材料，但大部分还依赖进口，并且价格昂贵。

成型精度、打印质量问题：由于3D打印技术的特点是先通过计算机辅助设计（CAD）建模软件建模，再将建成的三维模型分成逐层的截面，3D打印机通过读取文件中每层的信息，逐层打印几何实体，而这种分层制造方法存在"台阶效应"。台阶效应的存在使这种技术成型的零件精度有限，特别是成型零件具有圆弧形特征时会有较大偏差。目前通过3D打印技术制造的成品，其精度大多达不到所使用的要求，受3D打印机工作原理的限制，速度与精度之间存在冲突。

此外，3D打印机打印出来的金属零件没有经过热处理，其硬度、强度、刚度、耐疲劳性等机械性能都无法与铸件、锻件相比；而且目前的3D打印机并不能实现大尺寸零件的制造。

打印速度问题：由于3D打印技术通过层层叠加成型，而且每层厚度很薄，以上特点必然导致该技术的成型速度不会很快。因此，该技术在规模化生产方面不具有优势，但在分布式生产方面具有较大优势。

3D打印技术缺乏相关标准：由于3D打印技术与传统技术方法不同，其成型的零件性能、质量等有其独有的特性。目前存在如何衡量3D打印出来的零件性能、3D打印材料等相关标准的问题，整个行业各自为政，缺乏统一的标准，同时3D打印的产业盈利模式也不明确。

上述问题阻碍了整个行业的发展。

经过几十年的发展，3D打印技术取得了前所未有的进步。目前3D打印技术处于快速发展阶段，虽然该技术还存在一定的局限性，但其优越性是很多传统制造方法无法比拟的。随着技术的进一步发展，3D打印技术在各行各业的应用将会越来越广泛，必将促进我国尖端制造业的变革，为科技进步的探索提供更多的可能性。

三、3D 打印技术分类

（一）FDM 熔融沉积成型技术

熔融沉积成型（Fused Deposition Modeling，FDM）技术的材料一般是热塑性材料，如蜡、ABS、PC、尼龙等，以丝状供料。材料在喷头内被加热熔化，同时三维喷头在计算机的控制下，根据截面轮廓信息，将材料有选择性地涂敷在工作台上，快速冷却并与周围的材料黏结后形成一层截面。一层成型完成后，机器工作台下降一个高度（即分层厚度）再成型新的一层，直至形成整个实体造型。每一个层片都是在上一层上堆积而成，上一层对当前层起到定位和支撑的作用。FDM 技术的成型材料种类较多，成型效率较高，主要适用于成型小塑料件，一般可应用于教育模型、医疗康复器械等。

（二）光聚合成型

光聚合成型技术是一类利用光敏树脂材料在光照射下固化成型的 3D 打印技术的统称。其主要包括三种技术：其一是美国 3D Systems 开发并实现商业化的立体光固化成型（SLA）技术；其二是德国 EnvisionTEC 公司基于数字光处理基础上开发的 DLP 3D 打印技术；其三是由以色列 Objet Geometries 公司开发的聚合物喷射成型（Poly Jet）技术，该技术也属于材料喷射技术。

立体光固化成型（Stereo Lithography Appearance，SLA）主要是使用光敏树脂作为原材料，利用液态光敏树脂在紫外激光束照射下快速固化的特性成型。光敏树脂一般为液态，它在一定波长（250～400 nm）的紫外光照射下立刻发生聚合反应，完成固化。SLA 通过特定波长与强度的紫外光聚焦到光固化材料表面，使之按由点到线、由线到面的顺序凝固，从而完成一个层截面的绘制工作，这样层层叠加，完成一个三维实体的打印工作。SLA 技术加工速度快，产品生产周期短，成型精度高（在 0.1 mm 左右）、表面质量好。但该技术的耗材为液态树脂，具有气味和毒性，需密闭；且其成型件多为树脂类，使得打印成品的强度和耐热性有限，不利于长时间保存。

数字光处理（Digital Light Processing，DLP）技术与 SLA 立体光固化成型技术同属于固化成型，且成型过程也很相似，却可以打印出显著不同的成品。SLA 使用两个马达，称为电流计或振镜（一个在 X 轴上，一个在 Y 轴上），其快速地将激光束瞄准打印区域，使树脂随之而固化成型。而 DLP 使用数字投影屏幕来照射打印平台上每一层的单一影像。因为投影影像是数字屏幕，每层的图像由正方形像素组成，导致每一层由称为像素的小矩形方块组成。由于 DLP 技术是通过将一整层内容投射到聚合物上成型，因此其成型速度比 SLA 技术快，但是由于该技术的打印精度由像素的大小决定，因此通过提高投影机分辨率可快速打印出高精度的零件。

（三）粉末床烧结/熔化成型

通过粉末床烧结/熔化的方式成型的增材制造技术包括激光选区烧结（Selective Laser Sintering，SLS）技术、激光选区熔化（Selective Laser Melting，SLM）技术、电子束选区熔化（Electron Beam Selective Melting，EBSM）技术等，它们各有特点。

激光选区烧结（SLS）技术所用的材料一般是高熔点金属材料与低熔点金属或者高分子材料的混合粉末，在加工过程中激光使低熔点的材料熔化实现金属粉末黏结成型，实现金属打印，但高熔点的金属粉末是不熔化的。因此，通过 SLS 成型的零件存在孔隙，力学性能较差，要经过高温重熔等热处理后才能使用。用于 SLS 烧结的金属粉末主要有三种：单一金属粉末、金属混合粉末、金属粉末加有机物粉末。

激光选区熔化（SLM）与激光选区烧结（SLS）的技术原理类似，但 SLM 成型材料多为单一组分金属粉末，包括奥氏体不锈钢、镍基合金、钛基合金、钴铬合金和贵重金属等。激光束快速熔化金属粉末由于获得连续的熔道，几乎可以直接获得任意形状，且具有完全冶金结合、高精度的近乎致密的金属零件。SLM 技术成型的零件由于致密度高、成型精度高，因而被应用于航空航天、微电子、医疗、珠宝首饰等领域。但 SLM 成型过程中会产生球化、热应力导致的翘曲变形等缺陷。

电子束选区熔化（EBSM）技术与 SLM、DMLS（直接金属激光烧结）成型原理相似，但 EBSM 采用电子束为热源，加工前需要将系统预热到 800℃以上，使粉末在成型室内预先烧结固化在一起，且其成型过程必须在高真空环境下进行。其工艺原理为：预先在成型平台上铺展一层金属粉末，电子束在粉末层上进行扫描，选择性熔化粉末材料；上一层成型完成后，成型平台下降一个粉末层厚度的高度，然后铺粉、扫描、选择性熔化；如此反复，逐层沉积实现 3D 实体零件的成型。

EBSM 和真空技术相结合，可获得高功率和良好的环境，可减少氧化物、氮化物等杂质的产生，因而可保证材料的高性能。因 EBSM 使用电子束作为热源，相对于使用较多的激光来说，电能转换为电子束的转换效率更高、反射小，材料对电子束能的吸收率更高。因此，电子束可以形成更高的熔池温度，成型一些高熔点金属材料甚至陶瓷。在真空环境下，材料熔化后的润湿性也大大提高，增加了熔池之间、层与层之间的冶金结合强度。EBSM 工艺利用磁偏转线圈产生变化的磁场驱使电子束在粉末层快速移动、扫描。在熔化粉末层之前，电子束可以快速扫描、预热粉床，使温度均匀上升至较高温度（>700℃），减小热应力集中，降低制造过程中成型件翘曲变形的风险；成型件的残余应力更低，可以省去后续的热处理工序。EBSM 技术由于具有生产效率高、可成型高温合金、成品材料性能优异等优势而被应用于航空航天、汽车制造等领域。但由于该技术加工过程需要真空环境，因此成本较高。

（四）材料喷射技术

聚合物喷射成型（Poly Jet，PJ）技术是由以色列 Objet Geometries 公司（于 2012 年并入 Stratasys 公司）在 2000 年初推出的专利技术。Poly Jet 打印技术与传统的喷墨打印技术类似，由喷头将微滴光敏树脂喷在打印底部上，再用紫外光层层固化。对比 SLA 打印技术，其使用的激光光斑在 0.06～0.1mm，打印精度远高于 SLA。PJ 可以使用多喷头，在打印光敏树脂的同时，可以使用水溶性或热熔性支撑材料。而 SLA、DLP 的打印材料与支撑材料来源于同一种光敏树脂，所以去除支撑时容易损坏打印件。由于可以使用多喷头，PJ 技术可以实现不同颜色和不同材料的打印。

PJ 3D 打印技术具有快速加工和原型制造的诸多优势，甚至能快速、高精度地生成卓越的精致细节、表面平滑的最终用途零件。因此该技术应用广泛，在航空航天、汽车、建筑、军工、商业、医疗等行业具有很好的应用前景。

NPJ（Nano Particle Jetting）纳米颗粒喷射的技术原理：将包裹有纳米金属粉、陶瓷粉或支撑粒子的液体装入打印机并喷射到建造平台上，通过高温使液体蒸发，留下金属部分，最后通过低温烧结成型，如图14所示。NPJ纳米颗粒喷射技术成型的零件细节、表面光洁度和精度表现力极高，清理和后处理比较简单，但其材料价格高昂。该技术适合用来打印钛合金医疗器械，如膝关节植入物，以及为汽车和航空航天领域生产铝合金零件。

图14 纳米颗粒喷射技术实际打印产品

（五）黏结剂喷射技术

黏结剂喷射技术通过喷射黏结剂使材料层层黏结成型，其典型技术为三维打印黏结成型（Three Dimensional Printing，3DP）技术。3DP技术使用的原材料主要是粉末材料，如陶瓷、金属、石膏、塑料粉末等。利用黏结剂将每一层粉末黏结到一起，通过层层叠加而成型。与普通的平面喷墨打印机类似，在黏结粉末材料的同时，加上有颜色的颜料，就可以打印出彩色的东西了。3DP 技术是目前比较成熟的彩色 3D 打印技术，其他技术一般难以做到彩色打印。3DP 技术虽然有粉床，但是没有粉末床熔融（powder bed fusion）的过程，在成型过程中不会产生残余应力，因此 3DP 技术可完全通过粉床来支撑悬空结构，而不需要另外的支撑结构。3DP 技术最大的特点是色彩丰富，可选择的材料种类多，是一种具有 24 位全彩打印能力的技术。

（六）LOM 分层实体制造技术

分层实体制造（Laminated Object Manufacturing，LOM）技术的成型材料一般为纸、金属膜、塑料薄膜等。LOM 技术的成型原理是采用激光器按照 CAD 分层模型所获得的数据，用激光束将单面涂有热熔胶的薄膜材料的箔带切割成原型件某一层的内外轮廓，再通过加热辊加热，使刚切好的一层与下面切好的层黏结在一起，通过逐层切割、黏结，最后得到实体模型。LOM 技术成型的零件翘曲变形较小，成型时间较短，且原材料多为纸材，成本低廉，制作精度高，激光器使用寿命长，且制造出来的木质原型具有外在的美感和一些特殊的品质，特别适合于产品设计的概念建模、造型设计评估、砂型铸造木模、快速制模母模等。

（七）定向能量沉积技术

定向能量沉积技术是指利用聚焦热将材料同步熔化沉积的技术，主要包括激光金属丝材沉积技术、激光近净成型（Laser Engineered Net Shaping，LENS）技术等。

激光近净成型数控机床根据 NC（数控加工）程序带动激光束移动，激光在基板上聚焦并产生熔池，粉末材料通过送粉器由惰性气体同轴送到激光光斑处，粉末迅速熔化并自然凝固，随着激光头和工作台的移动，叠加沉积出跟切片图形形状和厚度一致的沉积层；然后将工作台下降，保证激光头与已沉积层保持原始工作机理，重复上述过程，直至逐层沉积出 CAD 设计模型形状的实体三维零件。LENS 技术是无须后处理的金属直接成型技术，成型后得到的零件组织致密，具有明显的快速熔凝特征，力学性能很高，并可实现非均质和梯度材料零件的制造。但是，该工艺成型过程中热应力大，成型件精度较低，容易开裂，只能制造形状较简单的零件，不易制造带悬臂的零件，且粉末材料利用率偏低，对于价格昂贵的钛合金粉末和高温合金粉末，制造成本是一个必须考虑的因素。

四、3D 打印流程简介

（一）建立 3D 模型

建立打印部件的 3D 模型主要有三种方法：直接下载模型、通过 3D 扫描仪进行逆向工程（Reverse Engineering，RE）建模、用建模软件建模。目前市场上已经有很多商业化的 3D 建模软件，诸如 AutoCAD、MAYA、3DMAX、SOLIDWORKS、CATIA 等。除此之外，还有不少开源 3D 建模软件，这些建模软件都可以用来建立 3D 模型。

1. 直接下载模型

现在网上有 3D 模型的网站，种类和数量都非常多，可以下载各种各样的 3D 模型，而且基本上都可以用来直接进行 3D 打印。

2. 通过 3D 扫描仪进行逆向工程建模

通过扫描仪对实物进行扫描，得到三维数据，然后加工修复得到具有足够精度的 3D 模型。三维扫描仪能够精确描述物体三维结构的一系列坐标数据，将扫描的数据输入 3D 软件中即可完整地还原出物体的 3D 模型。

3. 用建模软件建模

目前，市场上有很多的 3D 建模软件，比如 3DMAX、MAYA、AutoCAD 等软件都可以用来进行三维建模，另外，一些 3D 打印机厂商也可以提供 3D 模型制作软件。

目前市面上主要流行以下三类建模软件：

（1）机械设计软件：UG、Pro/E、CATIA、SOLIDWORK 等能直接进行建模设计；

（2）工业设计软件：Rhino、Alias 等；

（3）CG 设计软件：3DMAX、MAYA、Zbrush 等不能直接使用，但可以将 OBJ 文件转换为 STL 文件使用。

131

（二）3D 模型的数据处理

3D 模型的数据处理主要是对三维模型进行加工平台的摆放、支撑添加等工作。零件的摆放方式使零件实体对水平面的角度不同，当这个角度小于 3D 打印技术的成型极限就需要对零件进行支撑添加。因此，合适的摆放角度不仅可以节省加工空间，还可以减少支撑的添加，使后处理去除支撑的工作量减少。为零件添加支撑可以使零件在加工过程中的稳定性和可成型性得到保障，可以减少零件在加工过程中由于热应力不均匀等发生翘曲等问题。

目前，3D 打印使用的 3D 模型基本上都是 STL 格式的文件，因此对 3D 模型的数据处理主要是对模型的 STL 文件进行处理。STL 文件是用三角形表示实体的一种文件格式，这种格式是 3D 打印的发明者定义的，现在已经成了图像处理领域的默认工业标准了。

确定零件摆放方式以及添加支撑等步骤后，需要对 STL 文件数据进行切片化处理。切片化处理使 3D 模型数据离散分层化，并以特定格式文件输出到 3D 打印设备以控制打印全过程。比利时的 Materialise 公司一直从事各种软件解决方案、工程和 3D 打印服务，其开发的 3D 打印软件 Materialise Magics 是一款功能强大的数据处理软件。该软件不仅可以进行零件的摆放、支撑添加等，还可以通过设置光斑补偿、切片层厚等参数对模型数据进行直接切片处理。切片后的格式文件可以直接导入 3D 打印机，并成为直接控制打印机完成 3D 打印全过程的代码程序。

（三）零件打印

通过数据线、U 盘等方式把数据处理后的 STL 文件传送给 3D 打印机，同时装入 3D 打印材料、调试打印平台、设定打印参数与路径策略，然后打印机开始工作，材料经过层层堆积打印，最终打印出一个实体零件。

（四）零件后处理

3D 打印机完成工作后，零件往往需要做一定的后处理。例如，多余的支撑结构需要去除、零件表面喷砂及抛光、上色、强制固化、去粉等。

（五）零件性能测试

为了确定加工零件的力学性能以及对加工过程的工艺参数进行优化，往往需要对不同工艺参数的零件进行性能测试，例如硬度、抗拉伸性能、抗压缩性能、耐疲劳性能、抗老化性能等。

第二节　3D 打印技术与传统制造技术的结合

一、3D 打印技术与传统减材复合制造

为了提高 3D 打印零件的成型精度，常规的方法是减小 3D 打印点的尺寸，提高分辨率，比如提高激光束的汇聚性，让熔化区域变得更小，单个熔化区域尺寸达到微米级。但熔化区的变小会带来成型速度的大幅降低，效率的降低不适用于工业领域应用。增材制造技术结合切削减材制造技术，可以让 3D 打印技术的应用得到快速发展。具体来说，就是将传统减材制造加入 3D 打印成型过程中，仍然采用低分辨率的打印工艺，可保证高速成型工艺，然后用铣削工艺来保证成型精度，最终达到高精度零件使用的技术标准。

减材制造，顾名思义就是通过去除材料来获得所需零件的制造过程，例如车削、铣削、磨削等传统制造。传统减材制造尤其是数控加工具有高精度、高效率、加工柔性好、工艺规划简单等特点。

增减材的复合加工系统主要应用于金属零件加工领域，通常金属增材制造技术使用的材料为粉末或线材，主要利用激光熔覆和等离子成型技术进行加工。其中，粉末材料适用于精细部件和小部件成型，而线材则适用于大型结构部件的制造。然而，通过消除某些层沉积产生的台阶效应，实现了 CNC 精加工以确保所需的精度。将减材制造与增材制造进行有机集成和复合加工能够有效地将二者优缺点进行互补，提高生产效率，降低产品成本。

（一）增减材复合制造技术原理

基于增减材制造的复合加工技术是从面向制造的产品设计阶段、软件控制设计阶段以及加工阶段将增材制造和减材制造相结合的一种新的技术。该技术是一种添加和去除材料的复合加工过程，以"离散—堆积—控制"的成型原理为基础。首先在计算机中生成最终功能零件的三维CAD模型，然后基于三维CAD模型数据，增材制造系统完成零件的成型工作，再由数控机床进行传统加工，最终完成零件成型加工。

目前，各国相关技术人员主要致力于增材与减材复合制造平台的模块化设计，包括：

①在不同类型的数控机床上进行熔丝金属成型（FDM）制造。

②在立式加工中心进行激光选区熔化成型，例如日本松浦机械推出的Lumex Advance-25复合加工中心。

③具有多功能的直接金属熔覆成型多轴加工中心，例如德国哈缪尔Hamuel HSTM1000、瑞士GF HPM 450U、德玛吉DMG Mori LASERTEC 653D等型号复合加工中心。用于安装增材制造模块平台的机床主要是多轴铣削中心。

（二）增减材混合制造的应用

增减材复合加工这种极具创新性的技术在过去几年得到迅速发展，并不断扩大其应用范围，如：①生产具有高尺寸精度和良好表面粗糙度的复杂零件；②生产具有悬垂结构的零件、法兰和散热片；③在一次夹紧中修复磨损的元件并使用3D打印成型多材料部件。这种复合加工方法特别适用于难加工材料的小批量生产，例如航空合金部件，用于能源、模具和医疗器械行业的高硬度材料。

世界著名公司DMG也是复合制造、涂层沉积和再制造或修复的混合增减材复合制造平台开发的领导者。其标准通用复合机床LASERTEC 653D加工中心，使用吹粉沉积焊接工艺（金属粉末流被喷涂到熔池并熔合到基材上）。这种增材制造技术比激光选区熔化成型技术更有效，例如质量为3.5kg的零件的制造时间可减少五分之一。LASERTEC 653D加工中心通过使用激光熔覆技术立体成型零件，同时在零件成型的整个加工过程中使用铣削加工关键特征。此外该加工中心可以独立通过增材制造来生产组件，也可以在同一生产工位上将零件加工到符合标准的公差范围内。

增减材复合加工在零件修复领域的应用直接导致使用成本的降低，特别是在涉及高价值和复杂组件的情况下。增减材复合加工技术极大地简化了零件的修复工艺流程，激光修复技术在去除零件损坏位置周围的材料后，通过激光熔覆等工艺重新填充已去除的材料，并完成待修复位置的一系列后处理工艺，如抛光等。除了对零件进行修复工作之外，激光熔覆还可以将不同的材料组合在一起以提高零件的性能。通过适当的加工参数，实现涂覆层材料与基底材料非常牢固的黏结，产生微观结构并提高了零件性能。

总的来说，复合修复过程包括以下加工和非加工（计量、检查）过程：高速铣削+3D 扫描+3D 激光熔覆+3D 检测+后处理+激光打标。该过程通过增材制造、减材制造与检测的协同工作在多功能机床上得到实现。由此可见，增减材复合加工中心是用于修复磨损部件柔性度最高的设备，修复过程所消耗费用仅是制造新零件所需成本的一小部分，大大提高了高价值零部件的使用寿命。

采用增减材复合加工技术进行零件修复过程中的一个重要步骤是重建零件受损位置几何模型，即所需要的修复量，这是下一步增材制造激光扫描路径规划的关键。修复工作开始前，需要在表面上标记一些分度点以识别基板与刀具路径的相对位置。通过扫描受损区域，然后使用点云技术处理来获得零件修复量。

（三）基于增减材的复合加工技术发展方向

基于增减材的复合加工技术由于融合了增材制造和减材制造技术的优势，因此能快速制备出不同材料的高精度、高质量的复杂形状零件，缩短制造周期，节省材料，降低成本，增强产品竞争优势；特别有利于复杂形状、多品种、小批量零件的生产，具有广阔的应用前景。

但由于基于增减材的复合加工技术还处于起步阶段，并牵涉较为宽广的技术学科，只有在相关学科技术得到全面的研究后才能对该技术形成支撑。

135

具体来说以下几个方面是将来需要着重解决的问题。

1. 软件系统的研发

目前，所有的复合加工系统软件，都是在快速成型技术软件的基础上进行的改进和集成，其基本过程和快速成型软件基本相同，但复合加工技术的优势并没有完全发挥出来。未来软件的开发，应该基于复合加工技术的特点，从模型设计、离散化分层处理、路径生成及控制直到加工完成的整个过程进行系统性融合。

2. 控制系统的研发

由于在零件成型过程中，要在沉积和机加工两种功能中不断转化，其加工坐标系也在不断变化，因此对于刀具和沉积的准确定位和控制尤为重要。而现在几乎所有的基于增减材的复合加工系统，都没有反馈控制，因此如何实现对加工过程的实时检测和反馈，形成闭环控制，需要进一步研究。

3. 成型尺寸的扩展

上述介绍的基于增减材的复合加工技术主要应用于模具、功能结构件、嵌入式结构件等结构尺寸较小的成型件中，尚不能成型大型结构件。

4. 工艺集成性

由于成型的零件具有不同的特征，因此所采用的沉积工艺和材料也不同。如何将多种沉积工艺设备集成在一起，并保证运行的协调性和高效率是需要进一步研究的问题。

二、与铸造技术的结合——快速铸造

从20世纪90年代开始，西方一些发达国家就开始研究将3D打印技术运用到传统的铸造行业中，至今依然进行着深入的研究。我国的一些高校与科研机构也紧跟其后，研究了3D打印技术在熔模精密铸造领域的应用。快速成型技术在铸造中的应用可分为三种：一是直接铸造，二是一次转制，三是二次转制。直接铸造用于小批量生产，一次转制和二次转制适用于大批量生产。直接铸造和一次转制属于直接快速铸造，而二次转制属于间接快速铸造。在直接铸造中，采用塑料、蜡或纸借助于RP技术制造型模或准备浇铸的模具。

直接浇铸模具是通过使用陶瓷材料以适当的RP工艺（即直接制造型壳）制备，此类铸件原型与型壳只能用于一次生产单个零件。在一次转制法和二次转制法中，使用RP工艺制造的最终所需铸件的主模来生产软模具，例如环氧批量铸件、聚氨酯面铸件、金属喷涂和室温硫化（RTV）硅橡胶成型件。

快速铸造技术结合了3D打印技术与熔模精密铸造技术的优点，使其不仅拥有使用3D打印技术而成就的制造任意复杂形状零件、制造周期短、生产成本低的特点，而且保留了熔模精密铸造工艺成型件尺寸精度高、表面质量好、能够成型任意金属材料的优点，因而广泛应用在单件、小批量复杂形状金属铸件的生产制造之中。目前国内研究较多的是基于立体光固化成型（SLA）、激光选区烧结（SLS）和熔融沉积成型（FDM）的快速铸造技术。

（一）基于SLA的快速铸造技术

基于立体光固化成型（SLA）的快速铸造技术工艺流程为：利用立体光固化成型设备将零件的三维数字模型直接打印成树脂原型，在进行清洗、去支撑、打磨和后固化等后处理工序之后，以零件的树脂原型为熔模进行熔模精密铸造，最后进行制壳、焙烧、浇铸、脱壳和铸件后处理等工序获得零件的金属铸件。

基于SLA的快速铸造技术的优势在于利用立体光固化成型技术制作的零件树脂原型尺寸精度高、表面质量好且机械强度高。但由于立体光固化成型运用的光敏树脂热膨胀系数较大，在高温焙烧脱树脂的时候，树脂原型的膨胀程度远远大于型壳的膨胀程度，从而把紧紧包裹树脂原型的型壳胀裂，导致铸造失败。

光固化树脂属于热固性塑料，只能软化而不能熔化流失。经测定，光固化所用树脂原型在50～60℃时开始软化，超过300℃后树脂的分子结构开始崩溃，达到600℃时，树脂材料燃烧分解成CO_2、水汽和少量残留物。

此外，用于制模的光固化树脂需满足以下特殊要求：

1. 黏度不能过大

树脂黏度太大，不利于型壳焙烧后将残余树脂排出，残留过多树脂可能引起型壳的胀裂，所以黏度不要过大。

2. 残留灰分不能过多

如果型壳焙烧后残留灰分过多，将导致铸件表面产生非金属夹杂及其他缺陷，因此残留灰分不宜多。

3. 重金属元素含量要尽可能低

例如，树脂中的锑如果出现在型壳焙烧后的残灰中，可能会污染合金，甚至使铸件报废，所以重金属元素含量要尽可能低，最好没有。

4. 吸湿性小

为保证整个工艺流程中模型尺寸的稳定，树脂的吸湿性小是非常重要的。

首饰行业是最早应用增材制造技术的行业之一，通常采用增材制造打印蜡模进行熔模铸造，采用蜡模或光敏树脂可铸造原型件。EnvisionTEC 于 2016 年推出了采用其最新专利技术——cDLMT 制造的 Micro Plus cDLM 3D 打印设备。该设备可以在几分钟内打印出用于熔模铸造的母模，大大缩短了打印时间。

（二）基于 SLS 的快速铸造技术

基于激光选区烧结（SLS）的快速铸造技术与基于立体光固化成型（SLA）的快速铸造技术相似，利用激光选区烧结成型设备将零件的三维数字模型直接打印成烧结原型，再以烧结原型作为熔模进行熔模精密铸造，制造金属铸件，主要流程有：①"蜡模"的制作；②浇注系统的确定；③浇注系统的焊接；④制壳；⑤浇注。其中，在制壳步骤，需要对浇注系统脱蜡后的型壳进行焙烧，焙烧的目的是去除型壳中的挥发物，如水分、残余蜡料等，使型壳在浇注时有低的发气性和良好的透气性，防止出现气孔等缺陷。焙烧可以使黏结剂、耐火材料等物质之间进行热物理化学反应，改变型壳的物相组成和显微组织，改善型壳的高温力学性能。同时使型壳可以在要求的温度下浇注，以减少金属液与型壳的温度差，提高金属液的充型能力。在此工艺中，脱蜡阶段只是把蜡质的浇冒口系统熔失，而快速成型制成的 PS 粉原型件则在焙烧过程中高温分解、汽化。这也是本工艺的难点所在。焙烧时杯口朝下，即模壳倒立放置并架空；进炉后，由室温焙烧至 950 ℃以上；小件焙烧 2 炉（约 1.5 h），大件焙烧 3 炉或以上（约 3.0 h 以上），以便型腔（包括浇注系统和零件型腔）内残留物充分熔化流出，余量分解、消失，提高型腔清洁度。

基于 SLS 的快速铸造技术一开始采用的烧结材料是聚碳酸酯（PC）粉末，在熔模铸造领域运用较为成功，后期推出的聚苯乙烯（PS）粉末烧结的温度更低、烧结变形小且成型性能优良，与 PC 材料相比，PS 粉末更加适用于熔模铸造工艺。

采用 SLS 工艺制作铸造原型产生的铸造误差主要由三维 CAD 模型、设备误差和工艺误差构成。对于三维 CAD 模型误差和设备误差，可以通过改进软件的计算方法、提高设备机械部分的精度来改善。对于后处理部分浸蜡工艺造成的误差，可以通过使用收缩率小的后处理蜡、改进浸蜡工艺来实现。对于烧结过程中的温致收缩，可以通过试验数据测定收缩率，对计算机原型数据进行修正，给予一定的收缩补偿。对于烧结收缩和结晶收缩误差，可以通过选择结晶度小的材料或者使用复合材料、控制烧结过程中的工艺参数等来控制。对于在精密铸造过程中产生的误差，可以通过选用合适的陶瓷型壳配方和金属材料等来加以改进。另外，分别准确测定上述各种误差数据，从计算机原型图中进行总的修正，也可以得到合格的金属铸件。

基于 SLS 的快速铸造技术的优势是：SLS 工艺中未烧结的粉末可以支撑模型的空腔和悬臂部分，故不需要像 SLA 和 FDM 工艺那样额外设计支撑，减少拆除支撑等后处理工艺，能够直接生产形状复杂的原型和部件。同时，以 PS 粉末作为烧结材料制作的烧结原型的燃烧分解温度比较低，能够有效避免在高温焙烧时型壳胀裂的问题。但是采用 SLS 技术存在着原型零件强度低、容易翘曲变形而精度降低等问题，需要对烧结的原型零件进行后处理。如对 PS 粉末烧结原型零件进行渗蜡处理，提高原型零件的强度和表面质量，方便后续的挂浆制壳等工序。

（三）基于 FDM 的快速铸造技术

基于熔融沉积成型（FDM）的快速铸造技术的工艺流程与前两种快速成型技术相同，也是利用熔融沉积成型设备打印原型作为熔模进行精密铸造，但与 SLA 和 SLS 工艺相比，采用 FDM 工艺进行铸造的成本更低。FDM 工艺采用的材料一般为热塑性材料，诸如蜡、ABS、PC 和尼龙等。基于 FDM 的快速铸造技术常常以蜡或者塑料等低熔点材料制作熔模，其中精铸蜡熔模铸造适应性极好、熔模烧失的时间短、熔模不变形且烧失后无任何残留物、铸件表面质量较好。

根据对ABS的热重分析，其仅在150 ℃以上才开始外部软化，因此在砂型黏结过程中，它将承受所有可能的放热反应。因此，ABS可在所有的砂型中使用。在200 ℃到300 ℃的范围内，它会软化并变成糨糊；在300 ℃到450 ℃之间燃烧；高于570 ℃时逐渐转变为不黏灰烬，但温度达到1050 ℃时，型壳上仍有残留的灰渣。

对于ABS熔模铸造，传统的浇铸口和排气口需要进行一些修改，以保证型壳焙烧后有较好的除灰效果。除灰过程中需要通入较低的气压和水进行冲洗，因此有必要在熔模上设置额外的通气孔，以改善除灰过程中空气和水的渗透性。通过切割浇注口末端也可以提高灰分去除的效率和便利性。在设计蜡模组树时，需要考虑浇注口和排气口位置，以便在焙烧之前将浇注口移除，这一点很重要。

在焙烧阶段，高温燃烧的方法分两步进行，第一步，将涂覆砂的原型件放入高压釜中，设定温度从94 ℃到150 ℃，在该阶段去除绝大部分蜡；第二步，转移至高温烘箱中，温度调至650 ℃到760 ℃之间，将剩余的蜡或增材制造原型件烧尽。此方法的不足之处在于燃烧过程会存在脱壳破裂现象。焙烧的另一种方法是从871 ℃的温度升至1038 ℃，将所有的RP模型及相关的蜡模组树材料烧成灰烬，此过程会产生大量的烟。

尺寸精度是熔模铸造模式中的关键问题，目前快速铸造中原型的尺寸精度尚未形成确定性的标准，采用的经验性标准是原型公差不能大于铸件公差的一半。例如，如果铸造尺寸的公差为+0.3 mm，则原型尺寸的公差不能大于+0.15 mm。与其他快速成型技术相比，FDM成型尺寸精度较低，主要原因是FDM喷嘴直径较大造成层厚较大，不利于获得精确尺寸。与实心件相比，FDM空心件收缩性较小，具有更高的X、Y尺寸精度，但在Z方向尺寸上空心结构比实体结构高33.11%。此外，铸件型壳壁厚对铸件尺寸精度也将产生影响，当型壳壁厚小于12 mm时可以获得更好的尺寸精度；在采用湿砂的情况下，壁厚采用3 mm可以获得最好的尺寸精度。

（四）直接快速模具嫁接制造

直接快速金属模具制造是快速成型的一个全新的应用领域，显著地减少了生产原型和模具所需要的成本，缩短了研发周期。通过快速成型技术生产模具可以在模具中设计随形冷却水道，从而减少了注射循环周期，大大提高了生产率。

（五）快速铸造发展瓶颈

快速铸造是铸造业新兴工艺方法，具有众多优点并带来良好的经济效益。原型的成型质量控制对铸造起着至关重要的作用。目前，该技术的发展瓶颈和不足主要有：

①如何运用快速成型工艺缩短产品开发周期、降低成本、解决产品单件小批量生产难题，同时满足个性化定制的市场需求，是研究重点之一。

②由快速铸造的工艺特点可知，其对熔模材料的性能要求比较高，新材料的开发和运用可以显著改善铸件的质量，扩大快速铸造使用范围，因而大力开发新材料也是研究重点之一。

③原型制作精度有待提高。SLS 是快速铸造业应用较广泛的一种方法，但精度不能很好地得到保证，限制了快速铸造的发展。因此原型制作精度也是一个亟须提高的问题。

④模型质量有待提高。RP 原型未经处理的原始粗糙表面是由分层、建造原理及原材料差异造成的台阶效应引起的。如何消除台阶效应，使不同快速成型模型都很好地落在可接受的误差范围内（0.050～0.254 mm），并满足熔模铸造所需的表面质量（Ra16～20μm）的需求是迫切需要解决的问题。

⑤燃烧性能差使非蜡 RP 模型由于不完全脱蜡或残留灰烬导致铸造缺陷。故需要研究创新使用新工艺（如 Quickcast 和稀疏的建模方式能显著地减少残留灰尘的含量，以提高燃烧性能），以解决传统用水或压缩空气冲洗型壳时难以清除深陷在凹槽或密封腔内灰烬的难题。

三、3D 打印技术后处理

目前几乎所有的 3D 打印设备制造出的零件均是不可以直接使用的，都需要进行不同程度的后工艺处理方可使用，如清洁多余粉末、树脂材料，去除打印支撑结构，进行热处理、精加工等；并且没有任何一项技术能够对所有的 3D 打印零件进行后处理。3D 打印零件的表面质量受很多因素的影响，如打印机精度、打印技术类型和材料粒度等。后处理工艺需要根据打印材料、打印技术类型和零件的几何形状综合考虑，各种处理方法灵活运用，将多种不同的方法用在一种零件上。

（一）去除多余材料

1. 清洁多余打印材料

不管是粉末床工艺的 3D 打印，还是光聚合工艺的 3D 打印，在打印完成之后，工件周围都会存在多余的粉末或者树脂材料，这时就要通过清洗、毛刷清理、吸尘器吸附等后处理技术清理多余的材料，并且回收剩余打印材料，筛选过滤供以后使用。光聚合工艺通常采用纯度为 90% 以上的酒精、丙醇或异丙醇等进行清洗作业以去除表面残留的树脂材料。

2. 去除支撑结构

3D 打印是属于增材制造技术，加工过程中材料被逐层添加构成完整的零件。如同建筑施工需要添加支撑来保持墙壁和地板稳定，3D 打印过程中也需要设计大量的支撑结构，以防止零件在打印过程中下垂或者产生翘曲，特别是一些悬垂结构，如果不添加支撑根本无法打印成型。添加的这些支撑在打印之后需要用工具拆除。图 15 所示为拆除支撑前后成型件的对比。

图 15　拆除支撑前后成型件对比

（二）表面加工

3D 打印工作原理是通过逐层叠加成型，但分层制造会存在台阶效应。尽管在切片处理时每层都离散得非常薄，但是在微观尺寸下，仍然是一定厚度的多级台阶，需要对这些台阶效应进行处理。打印成型件的表面质量受很多因素的影响，如打印材料、机器精度、打印速度、温度、三维数据模型质量和切片参数等。为了解决成型件的表面质量问题，一般需要对成型件进行表面处理，例如打磨、抛光、表面喷砂和电镀等。

1. 打磨、抛光

抛光可以分物理抛光和化学抛光。砂纸打磨是常见的物理抛光方法，其原则为：先粗后细，先用粗砂纸进行打磨，再逐步降低粗糙度进行精打磨。化学抛光：ABS 等材料可采用丙酮蒸汽进行抛光，如在通风处煮沸丙酮来熏蒸打印件，也可以采用市面上其他类型的抛光机；但是 PLA 材料不可采用丙酮抛光，该材料有专用的 PLA 抛光油。化学抛光时需要掌握好腐蚀的程度，因为化学抛光是通过腐蚀表面来达到抛光效果的。从整体上讲，目前的化学抛光还不够成熟，应用也不是很广泛，可以作为打印件后处理的备选方案。

2. 表面喷砂

表面喷砂通过高速砂流的冲击作用来清洁和光亮打印件的表面。由于磨料对打印件表面存在较强的冲击和切削作用，使用喷砂工艺可以将打印件表面的污物、毛刺清除，获得一定的清洁度，并将工件表面抛光，提高工件的光洁度，展现一种均匀的金属色泽，使工件外表更美观、好看。

3. 电镀

电镀是利用电解作用在金属或者其他材料的表面附着上一薄层的其他金属或者合金的工艺。经过电镀后的打印件可以防止锈蚀等金属氧化过程，获得装饰保护性和各种功能性的表面，还可以提升硬度，防止磨损，提高导电性、光滑性、耐热性和获得精美外观。

（三）热处理

1. 热等静压致密化处理

热等静压（HIP）是将高温、高压集于一身的生产工艺。该工艺将工件

143

置于密闭的高温、高压容器中，在高温高压的双重作用下工件烧结和致密化。由吴鑫华院士研发的近净成型热等静压工艺，和市面上大多数热等静压工艺完全不同，经该工艺处理后的增材制造部件在各性能上都得到了实质性的提高，尤其在微观组织和机械性能上有着高度的一致性与重复性。吴鑫华院士曾指出，增材制造技术在打印成型时不可避免地出现空洞和缺陷，这需要利用外力作用去消除，而热等静压是一个最好的选择。经过热等静压工艺处理后样件的材料发生了蠕变和塑性变形，这时可以通过较小的变形改善，使内部的空隙与缺陷得以修复。

2. 真空淬火/回火处理

根据使用的冷却介质的不同，真空淬火主要分为油淬、气淬和水淬。经过真空淬火的打印成型件表面依然光亮，不增碳也不脱碳，可以使今后要承受摩擦与接触应力的零件（如模具 H43 钢）的使用寿命提高几倍或者更高；而且真空淬火后的成型件大小和形状变形量小，通常可以省去"修变形"的机械加工处理，因此可以提高加工的经济效应，弥补增材制造成本偏高的不足。

真空回火是为了消除淬火之后产生的应力，稳定组织，将淬火后的打印件优良性能保持下来，如工件的表面光亮、不氧化、不脱碳和无腐蚀污染等。加工实践证明，真空回火处理后的增材制造 TC4 钛合金部件虽然强度跟常规处理效果相差无几，但是塑性得到了明显的提高。

3. 真空退火/正火处理

真空退火不仅可以改变增材制造零件的结构，细化组织，消除内部应力，而且在真空中加热可以防止氧化脱碳、除气脱脂和促使氧化物蒸发。因此，真空退火可进一步提高打印件表面光亮度和力学性能。

正火处理既可当作增材制造成型件的预备处理，也可作为最终热处理。将正火处理替代退火处理可以提高打印件的力学性能。对于工作环境受力不大的工件，正火处理可以替代调质处理作为最终热处理工艺，以简化工件的热处理工艺。正火热处理还可以作为采用感应加热方法开展表面淬火之前的预备热处理工艺。

4. 真空渗碳/渗氮处理

渗碳/渗氮是当下应用最广泛的一种热处理工艺。该工艺将工件置于活性渗碳、渗氮介质之后，加热时介质在工件表面分解出活性原子，经过吸收和扩散将碳、氮渗透进工件的表层，从而使工件表层的硬度、强度得到显著提升，而内部的原有成分不变，保持着良好的韧性和一定的强度。

（四）后固化

尽管光敏树脂在激光扫描过程中已经发生聚合反应，但只是完成部分聚合作用，零件中还有部分处于液态的残余材料未固化或未完全固化（扫描过程中完成部分固化，避免完全固化引起的变形），3D打印零件的部分强度也是在后固化过程中获得的。因此，后固化处理对完成零件内部材料的聚合、让3D打印提高零件最终力学强度，是必不可少的。后固化时，零件内未固化光敏树脂发生聚合反应，体积收缩产生均匀或不均匀形变。

第三节　3D打印技术在模具制造方面的应用

模具是工业生产中的基础工艺装备，在电子、汽车、电机、仪表、家电和通信等领域，60%～90%的零部件都是通过模具成型的技术进行制造的，对产品质量有着极大的影响。模具制造提高了生产效率，为产品的快速更新创造了条件，其制造技术的先进程度是衡量一个国家制造业水平的重要标志之一。但模具制造也有一定的局限性，模具开发的技术难度大（零件的外观不同，模具制造的难度也不同；结构越复杂的零件，模具的制造越难实现）。随着国际竞争的加剧和市场全球化的发展，产品更新换代加快，多品种、小批量成为模具行业的重要生产方式。这种生产方式要求缩短模具制造周期，降低模具制造成本。如何在较短的时间内制造出高水平的模具一直是模具技术研究的热点。

3D打印技术作为21世纪一种革命性的数字化制造技术，以其可自由成型和材料利用率高等优点，已经逐渐应用于国民经济发展的许多领域。在模具行业，3D打印技术不仅能够有效解决传统模具制造过程中遇到的复杂零部件难以加工等技术难题，还能满足模具行业面临的各种快速响应制造需求。3D打印技术的出现，使传统的模具制造技术有了重大的改革和突破，推动了复杂结构模具数字化制造的技术进步。

一、模具的分类

模具主要包括金属模具、非金属模具两大类。金属模具包括冲压模、锻模、铸模、挤压模、拉丝模和粉末冶金模等。非金属模具包括塑料模具、无机非金属模具。按照材质来分，包括砂型模具、金属模具、真空模具和石蜡模具。从模具行业产业结构来看，我国模具行业主要有冲压模具、塑料模具、锻造模具和压铸模具等。

3D打印成型模具的方法包括直接制模法和间接制模法。

（一）直接制模法

目前3D打印直接制模法主要应用于模具的工作零件和随形冷却通道零件等制造方面。

（二）间接制模法（熔模与砂模）

1. 缩短模具生产周期

在传统的模具制造业中，模具制造一般需要经过开模具、铸造或锻造、切割、部件组装等过程才能成型。由于考虑到还需要投入大量资金制造新的模具，公司有时会选择推迟或放弃产品的设计更新，而3D打印则免去了那些复杂的过程，可以将计算机中的三维设计转化为实物模型，并且拥有极高的效率。自动、快速、直接和精确是3D打印技术最主要的特点。利用这种技术进行模具制造，可以在几个小时之内就能将相关的模具制造完成，实现模具从平面图到实体的转变。3D打印能够降低模具的生产准备时间，使现有的设计工具能够快速更新，使企业能够承受得起模具更加频繁的更换和改善，有利于促进企业产品的更新换代，促进企业发展。

2.降低制造成本

与传统数控机床成型不同,3D打印技术成型过程不是去除材料,而是逐层添加材料来完成成型过程。这种技术的材料利用率极高,在制造过程中为企业节省大量原材料,而且3D打印成型工艺不需要传统的刀具、夹具,从而降低了制造过程中造成的额外成本。同时,使用3D打印技术进行模具制造,能够帮助工程师同时尝试无数次的迭代,并可以在一定程度上减少因模具设计修改引起的前期成本,对于模具的生产有着极大的帮助,有利于促进制造成本的进一步降低。

3.模具的定制化有利于实现最终产品的定制化

随着人们生活水平的提升,越来越多的人追求个性化的产品,从手机、笔记本电脑到汽车,个性化的需求和趋势逐渐明显。但个性化是传统加工制造业难以解决的技术瓶颈,这为3D打印技术的发展提供了契机。3D打印技术具有更短的生产周期、能制造更加复杂几何形状的零件以及降低最终制造成本的特点,使得企业能够制造大量的个性化模具来实现定制化产品的制造。3D打印模具非常利于定制化、小批量生产,比如在医疗领域,它能够为外科医生提供3D打印的个性化器械(如外科手术导板和工具),从而改善手术效果,减少手术时间。

4.为产品的设计、性能的提高提供更多的可能性

传统的加工制造业对产品的创新和创意有一定程度的限制。借助3D打印技术不但可以使创意设计空间更加广阔,而且能大大缩短产品的开发时间,降低生产成本;同时,可以将电脑设计出来的创意产品直接在3D打印机上快速打印出来,实现产品的并行设计制造。

(三)3D打印技术在模具领域的应用实例

3D打印技术在模具上最具优势的领域是制造随形冷却通道模具。传统的模具内,冷却水道是通过交叉钻孔产生内部网络,并通过内置流体插头来调整流速和方向。金属3D打印技术在模具冷却水道制造中的应用则突破了交叉钻孔方式对冷却水道设计的限制。它能将冷却水道形状依据产品轮廓的变化而变化,模具无冷却盲点,有效提高冷却效率,减少冷却时间,提高注塑效率;水道与模具型腔表面距离一致,有效提高冷却均匀性,减少产品翘曲变

形，提高了产品质量。

位于美国密歇根的马科姆工程塑料公司（PTI）专注于生产注塑成型的塑料零件，最近 PTI 尝试通过增材制造来加工随形冷却的注塑模具，从而取代传统的钻孔方式，实现模具在注塑过程中的快速冷却。通过仿真数学分析发现，这种薄壁的空心模具可以提供注塑所需的强度，PTI 于是决定通过 3D 打印来制造工具钢材料的中空模具，如图 16 所示。PTI 所制造的这个模具是用于医疗行业的，模具有 7 英寸高，与仿真结果一致的是，模具并没有产生裂纹，注塑成型的周期从原来的 46.5 s 减少到 41.5 s。

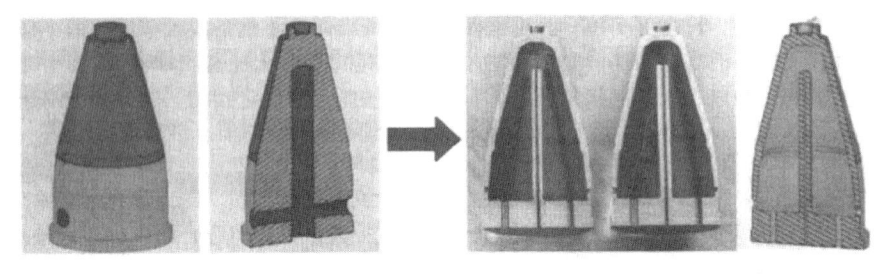

(a) 传统模具设计　　　(b) 3D 打印中空模具

图 16　PTI 通过 3D 打印制造中空模具

在温室效应日益加剧的当下，人类比以往任何时候都更加渴望清洁能源——风能、水电和太阳能等，但是成本问题始终是挡在人们面前的一大障碍。为此，隶属于美国能源部的先进制造办公室（AMO）转向了 3D 打印技术以减少风力涡轮机的开发成本。由于风力涡轮叶片的长度动辄超过 40 英尺（12.192 m），AMO 为此打算先分成 6 英尺（1.829 m）长的部件分别 3D 打印出来，然后组合成模具，使其可以浇铸出完整的叶片。一旦组装完成，这巨大的 3D 打印模具就具有非常平整、光滑的表面，而且具有气密性，非常适合铸造风力叶片，而且比传统的风力叶片便宜得多。

铸造薄壁结构的零件，尤其是薄壁离合器壳体，是砂型制造的一大挑战，如图 17 所示。voxeljet 与 Koncast 通过 3D 打印砂模，铸造离合器外壳的方法，在不到 5 天的时间就解决了这一技术难题。更优质的砂模带来更精细的分辨率，并提供了最佳的铸造表面质量。在 Z 轴方向上，精度是使用标准砂的两倍。这款铝制离合器箱是用来做设计验证过程中的原型，尺寸为 465mm × 390mm × 175mm，重 7.6 kg，通过 voxeljet 的 3D 打印机来完成砂模制作，voxeljet 专家选用了高质量的 GS09 砂来达到极薄的壁厚打印。铸造过程采用的是 G-AlSi8Cu3 合金，温度达到了 790℃。这个过程生产的离合器与后面测试通过后批量生产的零件是完全一致的。因为在这个过程中不需要前期开模的刀具准备，避免了木模的制造成本。Koncast 也从中获得了巨大的时间和成本优势。

(a) 离合器壳体砂型模具 CAD 模型　　　　(b) 打印完成后的模具

图 17　3D 打印离合器壳体砂型模具

赛车变速箱壳体不仅有薄壁的特点，在后期的机加工后还需要严格检查孔与孔、面与面、孔与面的位置精度以及孔本身的精度，这对前期铸造也提出了更高的要求。voxeljet 在方程式赛车变速箱的精密铸造模具 3D 打印方面积累了丰富的经验，面对薄壁和严格的尺寸公差要求，voxeljet 采用了 PMMA 材料用于打印精密铸造模具，整个模具尺寸为 590 mm × 455 mm × 455 mm，质量为 3.2 kg，交货期为 5 天，最后铸造出来的铝制变速箱质量为 8.5 kg。如此复杂的变速箱被完整铸造出来了，并完美地满足了尺寸公差的要求。

汽车发动机进气歧管位于节气门与引擎进气门之间，在发动机内。空气进入节气门后，经过歧管缓冲系统后，空气流道就在此分歧了。进气歧管必须将空气、燃油混合气或洁净空气尽可能均匀地分配到各个气缸，为此进气歧管内气体流道的长度应尽可能相等。为了减小气体流动阻力，提高进气能力，进气歧管的内壁应该光滑。

赛车的进气歧管具有许多干涉部位，这对于砂型铸造和后期的机加工都提出了许多挑战。为了满足复杂的精确性要求，voxeljet 将这一 854 mm × 606 mm × 212 mm 大小的进气歧管模型拆分成 4 块来进行砂模打印，最终成型的零件满足使用要求。

奥托循环（Otto-cycle）发动机通常具有排气再循环（EGR）功能，其中排气被引导返回至进气歧管以便减小汽缸中的温度峰值，进而实现减少或限制氮氧化物的排放。

奥托循环发动机是在排量较小的发动机上配备一个特别的涡轮增压器，以达到最佳输出功率与热效率的匹配。为了达到最大的效率，涡轮增压器必须具有完美的几何形状。通过仿真软件，设计人员获得了形状复杂的模型。然而，在实际的制造过程中，为了避免修改、完善造成的额外巨大成本，voxeljet将两部分零件组合在一起，通过3D打印PMMA材料来制造这个尺寸为258 mm × 193 mm × 160 mm的精密模具，最终满足了近净成型的复杂形状涡轮增压器铸造要求。

3D打印技术的出现，对传统制造业来说是一次革命。不可否认，3D打印技术在随形冷却、异形模具制造方面有传统制造业无可比拟的优势。但是3D打印技术和传统制造技术各有优劣，目前3D打印无论是在硬件设备方面还是打印技术方面都存在不足，而传统制造业已有较长的历史，经过了无数实践的检验，技术相对成熟。因此3D打印技术制造模具业要想取代传统模具制造业还需要一些时日。

国内目前进行3D打印模具应用研究的企业并不多，随着未来3D打印技术的产业化、市场化，对于广大模具制造企业来说，模具3D打印制造是一个很好的发展方向。进一步完善3D打印技术，大力研发新型3D打印机，解决3D打印时的尺寸限制，也是未来将3D打印运用于模具制造的一个重要研究方向。另外，可以将传统制造业与3D打印相结合，优势互补，如大尺寸基体由传统机加工制造，精细复杂结构由3D打印技术在基体上完成，这样既减少制造成本，又节约生产时间。3D打印技术能够制造复杂零件的优势，在模具设计与模具制造领域具有广阔的应用前景。

二、珠宝设计领域

伴随着3D打印技术的发展，作为先进制造技术的3D打印已经开始应用到珠宝设计行业并形成了相对成熟的技术和规模体系。3D 打印在珠宝设计领域的成功应用突破了传统珠宝设计的局限性，精简了珠宝生产加工环节，使珠宝设计变得更加简单、多样化。珠宝设计师们可以充分发挥自己的创意和灵感，创新结构设计方法，设计出形状各异的珠宝首饰，为满足广大用户的个性化设计和定制化提供更优质的服务。

目前，3D 打印技术在珠宝行业的应用主要有两种技术方式：间接成型方式和直接成型方式。其中，间接成型是指通过 3D 打印技术成型珠宝的蜡模（或树脂模），然后通过熔模铸造方式获得珠宝模具，后续通过金属液的浇注得到珠宝首饰件，如图 18 所示。直接成型方式是指通过 3D 打印技术（如 SLM 等）直接制造出珠宝模型，再通过一定的后处理获得精美珠宝。

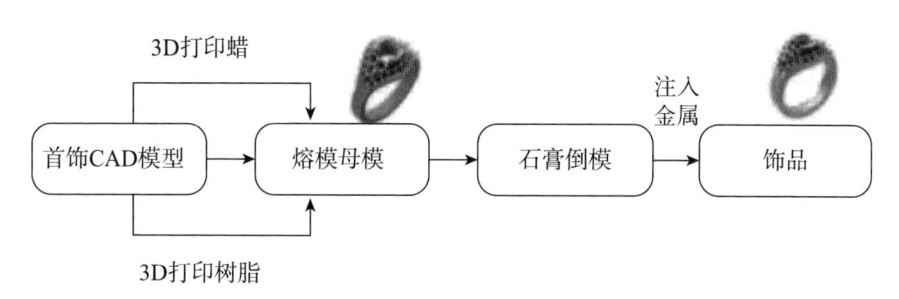

图 18　间接成型方式

第六章
数字孪生在机械制造业中的应用

第一节　数字孪生制造

一、数字孪生制造的概念

现有的虚拟制造或数字样机是建立在真实物理产品数字化表达的基础上的。然而现有的数字样机建立的目的就是描述产品设计者对这一产品的理想定义,用于指导产品的制造、性能分析(理想状态下的)。而真实产品在制造中由于加工、装配误差和使用、维护、修理等因素,并不能与数字化模型完全保持一致。数字样机并不能反映真实产品系统的准确情况,这些数字化模型上的仿真分析,其有效性也受到了明显的限制。

(一)数字孪生的概念

数字孪生(Digital Twin)是充分利用物理模型、传感器更新、运行历史等数据,集成多学科、多物理量、多尺度、多概率的仿真过程,在虚拟空间中完成映射,从而反映相对应的实体装备的全生命周期过程。

数字孪生系统是一种超越现实的概念,可以被视为一个或多个重要的、彼此依赖的装备系统的数字映射系统。以飞行器为例,可以包含机身、推进系统、能量存储系统、生命支持系统、航电系统以及热保护系统等。它将物理世界的参数反馈到数字世界,从而完成仿真验证和动态调整。每一特定架次的飞机都不再孤独,因为它有一个忠诚的影子伴随它一生,这就是数字孪生。

数字孪生应用于制造，有时候也用来指代将一个工厂的厂房及生产线在建造之前，就完成数字化建模，从而在虚拟的信息物理融合系统（CPS）中对工厂进行仿真和模拟，并将真实参数传给工厂。而厂房和生产线建成之后，在日常的运维中二者继续进行信息交互。

通过建立数字孪生的全生命周期过程模型，这些模型与实际的数字化、智能化的制造系统和数字化测量检测系统进一步与嵌入式的信息物理融合系统进行无缝集成和同步，使我们能够在数字世界和物理世界同时看到实际物理产品运行时发生的情况。

数字孪生制造系统可以持续地预测装备或系统的健康状况、剩余使用寿命以及任务执行成功的概率，也可以预见关键安全事件的系统响应，通过与实体的系统响应进行对比，揭示装备研制中存在的未知问题。Digital Twin 可能通过激活自愈的机制或者建议更改任务参数，来减轻损害或进行系统的降级，从而提高寿命和任务执行成功的概率。

（二）从不同角度看数字孪生

数字孪生（Digital Twin）的概念被提出以后，立即引起了制造业的高度重视和广泛关注。伴随着这一概念的出现，与其相关的一些概念和设想也应运而生。为了更深刻地理解和掌握数字孪生的概念和内涵，我们可以从不同的角度来了解数字孪生。

1. 从 Digital Thread（数字线）看数字孪生

数字孪生是与 Digital Thread 既相互关联又有所区别的一个概念。

数字孪生是一个物理产品的数字化表达，便于我们能够在这个数字化产品上看到实际物理产品可能发生的情况，与此相关的技术包括增强现实和虚拟现实。

Digital Thread 是指在设计与生产的过程中仿真分析模型的参数，可以传递到产品定义的全三维几何模型，再传递到数字化生产线加工成真实的物理产品，然后通过在线的数字化检测／测量系统反映到产品定义模型中，进而反馈到仿真分析模型中。

依靠 Digital Thread，所有数据模型都能够双向沟通，因此真实物理产品

153

的状态和参数将通过与数字化智能生产系统集成的信息物理融合系统（CPS）向数字化模型反馈，致使生命周期各个环节的数字化模型保持一致，从而能够实现动态、实时地评估系统当前及未来的功能和性能。而装备在运行的过程中，又通过将收集的数据进行解释利用，将后期产品生产制造和运营维护的需求融入早期的产品设计过程中，形成设计改进的智能闭环。

数字孪生从 Digital Thread 的角度看，必须在生产中把所有真实制造尺寸反馈到模型，再用 PHM（健康预测管理）实时搜集制造产品实际运行情况，再反馈回模型。数字孪生描述的是通过 Digital Thread 连接的各具体环节的模型。可以说 Digital Thread 是把各环节集成，再配合智能的制造系统、数字化测量检验系统以及信息物理融合系统的结果。

Digital Thread 集成了生命周期全过程的模型，这些模型与实际的智能制造系统和数字化测量检测系统进一步与嵌入式的信息物理融合系统（CPS）进行无缝集成和同步，从而使我们能够在这个数字化产品上看到实际物理产品可能发生的情况。

换言之，Digital Thread 贯穿了整个产品生命周期，尤其是产品设计、生产、运维的无缝集成；而数字孪生更像是智能产品的概念，它强调的是从产品运维到产品设计的回馈。它是物理产品的数字化影子，通过与外界传感器的集成，反映对象从微观到宏观的所有特性，展示产品生命周期的演进过程。当然，不止产品，生产产品的系统（生产设备、生产线）和使用维护中的系统也要按需建立数字孪生模型。

2. 从仿真的角度看数字孪生

数字孪生涉及完整的制造产品的组件，其中包括全生命周期阶段的所有信息。这单纯从技术角度来看好像并不可行，因为全生命周期的数据量太大，而且数据有多样化和完全非结构化的特点。此外，在产品的后续应用中，往往还和前几个阶段特定数据和信息密切相关，因此数字孪生必须有一个特定的模型和体系结构。

在讨论这个问题之前，我们将从仿真的视角来描述数字孪生。数字孪生涉及所描述的组件、产品或系统，以及具有以下特点且能够很好地将上述内容结合起来的可执行模型，这也是数字孪生和一般仿真系统的重要区别。

（1）数字孪生模型收集有关数字制品包括工程数据、操作数据，通过各种仿真模型进行行为描述。仿真模型使数字孪生模型适用于特定用途和应用，同时可精准地解决问题。

（2）数字孪生模型应包含真实系统及其整个生命周期的演变，并能集成当前有关所有可用的知识，这些演变来自信息物理融合系统（CPS）。

（3）数字孪生模型不只用来描述行为，也能获取有关实际系统的解决方案，即它提供相关辅助系统功能，如优化操作和服务功能。因此，数字孪生涵盖从工程和制造到操作和服务的各个阶段。

由此可见，数字孪生的每一步都离不开仿真，但常规的仿真并不能解决数字孪生的动态过程和全生命周期的制造行为。常规的仿真往往是针对一个特定的对象或过程建模再仿真，而数字孪生则是针对一个动态的对象或过程。可以说，数字孪生与数字仿真既有密切的关联，又有严格的区别，它们的共同点是都离不开精准的数字模型。

数字孪生的核心和关键：一是高写实仿真，数字孪生的数字模型具备超写实性，产品虚拟模型的高精度性使孪生结果更准确、更接近真实的工况；二是高实时交互，由于数字孪生技术是基于全要素、全生命周期的海量数据，涉及先进传感器技术、自适应感知、精确控制与执行技术等；三是高可靠分析决策，通过实时传输，物理产品的数据动态实时反映在数字孪生体系中，数字孪生基于感知的大数据进行分析决策，进而控制物理产品。

3. 从数字孪生模型看数字孪生

（1）数字孪生模型的原理方法与效益

数字孪生模型来自多个开发工具和制造资源（如CAD的应用程序、制造过程的各类数据、产品的运行、维护数据等），需要广泛使用这些过程数据的信息，并能为其他过程数据和仿真模型共享。因此，数字孪生模型不仅包括产品开发阶段具体仿真任务的所有相关数据，还包含后续产品应用阶段所需的相关基本信息。显然，这就要求数字孪生模型很全面，它不仅要考虑提高产品全生命周期的生产效率和效益，在辅助系统和服务应用的过程中还可能会导致新的产品出现，异常模型还应包括对新产品的更新或修订，以及对设计和制造过程中数据的进化和完善。

这就是说，数字孪生模型是高度动态的概念，伴随产品应用的全生命周期，其模型不断完善。往往一个具体的产品销售出去之前，数字孪生模型就首先被移交。而在运行过程中，它是模拟驱动的辅助系统，以及智能化数据获取的组合控制及服务决策的基础。数字孪生模型伴随制造产品全生命周期，它是动态的、进化的、虚实融合的。

（2）数字孪生模型的结构

数字孪生模型的目标是为不同的问题提供解决方案。这些问题可以出现在生命周期的所有阶段。例如在设计阶段，数字孪生模型是产品特征，即从早期设计阶段就需要详细地制订计划。它的基本用途不只是定义和解决具体问题，还要求数字孪生的模型结构派生自定义任务的这一目标，能够解决产品全生命周期由于设计考虑不周而可能产生的问题。当然数字孪生模型也需要有一个具体的应用程序的体系结构和一套制造过程所需的数据和仿真模型规范。

数字孪生模型仍然是一个抽象的概念，一般来说，其基本内涵基于两个方面。一方面基于模型的开发，信息交互不只是侧重于文件，更偏重于实际的数据；使用过的模型可以更新和取代，这种模型的更新与取代之间，形成一种信息动态交互和相互依存关系。另一个方面是可以在不同工况状态下使用模型，同时模型具有模块化和标准化的接口，而模型管理系统可以确保模型的唯一性，直到数据发生更改而修改模型。此外，模型管理系统支持不同的模型以不同的精确度共存，并允许选择适当应用程序的正确模型更换。所谓选择正确的模型，是指选择具有较好粒度级别的模型，可以较好地去回答和解决初期设计中可能存在的问题，但当模型不够好时，可采用进一步的算法分析实时和历史数据。

4. 从制造全生命周期看数字孪生

数字孪生的实现，必须与被执行的制造系统的物理实现和系统开发并行协同设计。制造系统结构和所有的制造系统仿真模型都必须包含数字孪生的通用接口。该接口可结合一个具体的数字产品和一个综合的功能及物理描述。这种接口结构还需要将数字孪生的模型和概念扩展到基于全生命周期预期的应用领域，随着制造过程的进展不断充实初始模型及相关数据的结构，数字孪生才能最后成为物理产品的一部分。此过程是由 MBSE（基于模型的系统工程）技术随后的不断使用来激活的。

数字孪生模型是制造全生命周期不可或缺的一部分，其包含的所有信息和模型都需要在各个制造阶段应用并不断丰富，以创造新的价值，如制造系统运营商、用户和维修人员都在不断创造价值。数字孪生的价值体现在设计和工程制造即维护服务各个阶段。根据特定模型的组件，可以以不同的方式将模型转换到系统的操作或使用阶段。数字孪生模型在产品运行和服务阶段会不断采集和存储数据。数字孪生的特别功能和某些内容将成为实际系统的一部分，例如可执行仿真模型作为自动化软件协助系统模块的一部分。这就是说，数字孪生模型能够真正实现数字世界与物理系统的连接。

5. 从制造价值链看数字孪生

数字孪生模型可以编制到制造产品的组件、产品生产线、装备和系统中。就价值链来看，这意味着数字孪生模型可能重叠在特定点的不同价值链。生产系统是一个很好的例子。生产系统的设备组成不同的生产单元，而单元的装备可能是来自其他公司的产品。数字孪生的这些产品可以是有用的（或虚拟的）生产系统，也可能用于维护计划的生产运行系统。从技术角度看，在许多情况下，数字孪生必须越过实体边界与专有数据格式之间的桥梁。类似的挑战和机遇在生产现场随处可见。生产者需要零部件、半成品和其他的货物交付给客户，客户使用该产品，作为最终用户或为其他用户生产。数字孪生模型或数字孪生体将终生与这些产品为伴，服务于整个制造价值链。于是可得出一个结论，即数字孪生模型必须模块化，这种模块化用于向其他数字孪生体转换数据和信息。尤其是在制造过程的后期阶段（生产、经营），在数字孪生已经获得了大量可用数据之后，模块化的结构更加体现其优势。例如，产品设计数据可以用于服务寿命计算和用于优化组装生产的产品结构，无论是单个组件还是大型系统，模块化的结构都能更好地应用。

相同的数据和信息结构可以存在于几种并行的模型中，作为部分模型，模块化结构不一定总是完整的，取决于个案的情况。每个数字的孪生体（从现有的IT系统）涉及的现有数据和信息的基本组成部分，都可用于特定的目的。

（三）产品生命周期不同阶段的数字孪生

在本节中我们将说明从简单的机械或机电组件实现机电一体化系统的变化是如何发生的，以及综合的数字孪生体如何影响这一转变。作为说明的例子，一台电动机作为机电组件和电机，驱动电子和软件组合成一个机电一体化系统。

1. 设计阶段

模型定义技术（MBD）能够实现高效、标准的产品全生命周期各阶段的数据定义及数字化表达，是实现数字孪生体构建的关键技术。MBD技术充分体现了产品的并行协同设计理念和单一数据源思想，而这也正是数字孪生体的本质之一。

产品定义模型主要包括两类数据：一类是几何信息，也就是产品的设计模型；另一类是非几何信息，存放于规范树中，与三维设计软件配套的PDM软件负责存储和管理该数据。

为了确保仿真及优化结果的准确性，至少需要保证以下三点：

（1）产品虚拟模型的高精确度/超写实性。通过使用人工智能、机器学习等方法，基于同类产品组的历史数据实现对现有模型的不断优化，使得产品虚拟模型更接近于现实世界物理产品的功能和特性。

（2）仿真的准确性和实时性。可以采用先进的仿真平台和仿真软件，例如仿真商业软件ANSYS、ABAQUS等。

（3）模型轻量化技术。轻量化的模型降低了系统之间的信息传输时间、成本和速度，促进了价值链端到端的集成、供应链上下游企业间的信息共享、业务流程集成以及产品协同设计与开发。

2. 产品制造阶段

在制造阶段，除了基于产品模型的生产实测数据监控和生产过程监控，还包括基于生产实测数据、智能化的预测与分析、智能决策模块预测与分析，实现对实体产品的动态控制与优化，达到虚实融合、以虚控实的目的。

因此，多源异构数据实时准确采集、有效信息提取与可靠传输是实现数字孪生体的前提条件。

（1）实体空间的动态数据实时采集：利用条码技术、RFID、传感器等物联网技术，进行制造资源信息标识，实现对制造资源的实时感知。

（2）虚拟空间的数字孪生体演化：通过统一的数据服务驱动三维模型，实现数字孪生体与真实空间的装配生产线、实体产品进行关联。

（3）基于数字孪生体的状态监控和过程优化反馈控制：通过实时数据和设计数据、计划数据的比对实现对产品技术状态和质量特性的比对、实时监控、质量预测与分析、提前预警、生产动态调度优化等，从而实现产品生产过程的闭环反馈控制以及虚实之间的双向连接。

3. 产品服务阶段

在产品服务（即产品使用和维护）阶段，仍然需要对产品的状态进行实时跟踪和监控，并根据产品实际状态、实时数据、使用和维护记录数据，对产品的健康状况、寿命、功能和性能进行预测与分析，还要对产品质量问题进行提前预警。

（1）在物理空间，采用物联网、传感技术、移动互联技术将与物理产品相关的实测数据（最新的传感数据、位置数据、外部环境感知数据等）、产品使用数据和维护数据等关联映射至虚拟空间的产品数字孪生体上。

（2）在虚拟空间，采用模型可视化技术实现对物理产品使用过程的实时监控，并结合历史使用数据、历史维护数据、同类型产品相关历史数据等，采用动态贝叶斯、机器学习等数据挖掘方法和优化算法实现对产品模型、结构分析模型、热力学模型、产品故障和寿命预测与分析模型的持续优化，使产品数字孪生体和预测分析模型更为精确，仿真预测结果更加符合实际情况。

（3）对于已发生故障和质量问题的物理产品，采用追溯技术、仿真技术实现质量问题的快速定位、原因分析、解决方案生成及可行性验证等，最后将生成的最终结果反馈给物理空间，指导产品质量排除故障和追溯等。

4. 运行的模型重用阶段

设计过程中创建的信息也可用于系统运行阶段的评估。因为设计和运行涉及产品全生命周期所有的数据点，这点常常容易被忽视。一个明显的例子是模型重用性可供产品不断改良。

数字孪生模型从设计开始，就配置有与实际数据进行交互的合适接口，这些真实的数据可以用作仿真模型验证输入，并促使制造产品持续改进。

对于制造过程或制造系统，在线状态感知和监测越来越重要，数字孪生应用于越来越多的机电产品和系统。然而，过分依赖传感器数据往往是不行的。特别是，某些产品的特殊结构或特殊过程无法直接访问或直接测量。在这种情况下，数字模拟的模型可以通过虚实结合和融合的方式进行完善和修改。基于实际的传感器数据的仿真模型扩展到"软传感器"，也可以获取虚拟传感器数据，并不断进行修改和完善。通过使用仿真模型，并复制实际测量信号，虚实结合，将模拟与实测信号进行比较，进而帮助识别失效模式。

二、数字孪生模型的组成

所谓数字孪生模型，是以数字化方式为物理对象创建虚拟模型，来模拟其在现实环境中的行为。制造企业通过搭建、整合制造流程的生产系统数字孪生模型，能实现从产品设计、生产计划到制造执行的全过程数字化。

数字孪生模型主要包括产品设计（Product Design）模型、过程规划（Process Planning）模型、生产布局（Layout）模型、过程仿真（Process Simulate）模型、产量优化（Throughput Optimization）模型、维护保障管理（Maintain Security Management）等。

（一）产品设计：Product Design

模型定义：用一个集成的三维实体模型来完整地表达产品定义信息，将制造信息和设计信息（三维尺寸标注、各种制造信息和产品结构信息）共同定义到产品的三维数字化模型中，保证设计和制造流程中数据的唯一性。

模型定义的解决方案：西门子公司提供了基于 Teamcenter+NX 集成一体化平台解决方案，Teamcenter 工程协同管理环境提供了对 MBD 模型数据及其创建过程的有效管理，包括 MBD 模型中的部分属性数据控制，例如 MBD 数据的版本控制、审批发放记录等。这些数据虽然最终是在 MBD 模型中表现，但其输入是在 Teamcenter 环境中完成和控制的。其主要模块有 6 大块，即：

（1）基于知识工程的产品快速设计。由于其三维设计软件 NX 中内置了知识工程引擎，从而可帮助设计人员和企业获取、转化、构建、保存和重用工程知识，实现基于知识工程的产品研发。这些知识是企业宝贵的智力资源，包括标准与规范、典型流程和产品模板、过程向导和重用库等。

（2）产品的重用库——提高效率，NX 软件系统提供了重用库的功能。该重用库能将各种标准件库、用户自定义特征库、符号库等无缝地集成在 NX 界面中，从而使之具有很好的开放性和可维护性，便于用户使用和维护。其支持的对象包括行业标准零部件和零部件族、典型结构模板零部件、管线布置组件、用户定义特征制图定制符号等。

（3）产品的设计模板。该模板建立了相似产品或者零部件的模型，设计师可通过修改已有的零部件来完成新的零部件产品设计，从而大幅度提升设计效率。

（4）过程向导工具。该工具是指对产品开发中的专家知识进行总结，并以相应的工具表达，进而形成专用的工具，供设计人员使用。主要包括对典型流程的总结和评审、过程向导开发工具、过程向导开发说明、过程向导测试等。

（5）基于 Check-Mate 的一致性质量检查。NX 软件系统提供了 Check-Mate 工具，可通过可视化的方式，对 MBD 模型进行计算机的自动检查。其检查内容包括建模的合规性、装备的合规性、几何对象的合规性以及文件结构的合规性等。

（6）NX PMI 完整三维注释环境。NX PMI 把三维标注的功能集中在有关菜单下，该菜单提供了三维模型知识库必需的所有工具，为创建、编辑和查询实体设计上的 PMI 提供了一个统一的界面。另外 NX 零部件导航器还提供了管理和组织 PMI 的工具，包括在模型视图节点中可观察 PMI 对象、PMI 节点显示关联对象、PMI 装配过滤器等。

（二）过程规划：Process Planning

利用数字孪生模型对需要制造的产品、制造的方式、所需资源以及制造的地点等各个方面进行规划，并将各个方面关联起来，进而实现设计人员和制造人员的协同。Process Designer 是一个数字化解决方案，主要用于三维环

161

境中进行制造过程规划，促进了设计者和企业从概念设计到详细设计并一直到生产规划的完整制造过程的设计和验证。其主要过程包括：

（1）用于制造过程规划的功能强大的虚拟环境。通过利用二维/三维数据、捕捉和维护制造过程知识，Process Designer 为制造商提供了在一个三维虚拟环境中开发和验证最佳制造战略的企业级应用平台。

（2）生产线设计、制造过程建模和生产线平衡。为全面提高生产线设计和制造过程建模功能，Process Designer 基于从分类库中捕捉的制造资源对过程进行建模。这样一来，使用者只需把合适的资源对象拖曳到规划树中，并根据实际产出目标调整各制造环节的顺序，并检查瓶颈即可。

（3）变更管理和规划方案甄别。该过程规划可以无缝地引入过程变更，并对工程变更实施的结果进行判别，进而采取相应措施即可。

（4）利用前期的成本估计来支持业务。Process Designer 把成本信息、资源信息以及制造过程信息结合在一起，能够实现在前期即对过程规划进行经济分析，在必要时能够采用更经济的替代规划方案。

（5）支持客户和行业工作流程。Process Designer 支持根据行业特定需求开发独特的客户工作流程。

（6）捕捉并重新使用最佳实践。Process Designer 在引进一个新项目时，可以重新使用最佳实践知识库，从而使工程师能够利用结构化知识来加速生产投放。

（三）生产布局：Layout

生产布局指的是用来设置生产设备、生产系统的二维原理图和纸质平面图。其愿景是设计包含生产布局、生产系统，包括机械、自动化、工具、资源甚至操作员等所有细节的详细信息，同时将之与制造生态系统中的产品设计进行无缝关联。其主要模块包括：

（1）在 NX 里面进行生产布局，可以提供 NX 里面的参数化引擎，高效处理生产中的问题，轻易实施变更。

（2）可视化报告与文件。用户可以提供"生产线设计工具"，直接访问 Teamcenter 里面的信息。生产线设计工具可以显示每个零部件的相关信息，包括类型、设计变更、供应商、投资成本、生产日期等。

（四）过程仿真：Process Simulate

过程仿真是一个利用三维环境进行制造过程验证的数字化制造解决方案。利用过程仿真能够对制造过程和早期的制造方法和手段进行虚拟验证和分步验证。

（1）装配过程仿真。它使制造工程师能够决定最高效的装配顺序，满足冲突间隙并识别最短的周期时间。

（2）人员过程仿真。提供强大的功能，用以分析和优化人工操作的人机工程，从而确保根据行业标准实现人机工程的安全过程。

（3）特殊电弧过程仿真。用户能够在一个三维图形的仿真环境中设计和验证电弧过程。

（4）机器人过程仿真。用户能够设计和仿真高度复杂的机器人工作区域，优化机器人工作路径和时间。

（5）试运行过程仿真。该软件提供了一个试运行的生产过程仿真，完全模拟产品、生产线或制造系统的运行过程。

（五）产量优化：Throughput Optimization

利用产量仿真来优化决定生产系统产能的参数，可以快速开发和分析多个生产方案，从而消除瓶颈、提高效率并增加产量。包括一系列模块：

（1）实现生产线、生产物流的仿真模拟，包括各种生产设备和输送设备，也包括特定的工艺过程、生产控制和生产计划。它是面向对象的、图形化的、集成的建模和仿真工具。采用层次化的结构，可以逼真地表现一个完整的工厂、一个复杂的配送中心或者一个国家铁路网络、交通枢纽。同时通过使用继承，可以很快地对仿真模型或模型版本进行修改，且不会产生错误。其仿真模块概念是独一无二的，用户可以基于图形和交互方式，用一套完整的基本工厂仿真对象来创建特定的用户对象。随着设计的不断改进，需要更改相关信息和数据。因此需要保证模型能够不断变更和维护。该仿真软件里面有一个工具，用来快速创建简单的用户自定义对话框，集成多种语言设置和一个HTML浏览器界面，可以直接把用户的模型文件化。同时，还提供了一个对全厂进行三维可视化处理的工具,让三维表现与仿真模型紧密地集成在一起。另外,还提供了一个集成式、功能强大、易用的控制语言,叫作"Sim Talk",用户通过它能够对任何真实系统进行建模并生成仿真和相关业务结果。

(2)为了提高创建模型的速度,该仿真还提供了应用对象库以及行业领域内特定的用户定义的对象。工厂仿真的应用对象库有个特征就是"用户柔性",用户可以提供相关对象的结构。此外,该仿真完全可以按照工艺流程来建模,而且可以把各种对生产线有影响的因素都放进模型中,从而构建一个较精确的、符合实际物理情况的仿真模型。该仿真模型无论是建模的特点,还是建模使用的对象以及建模中的图片和图形,都有广泛的适应性,定义非常简单且快速,从而为定制化的工作带来方便。

(六)维护保障管理:Maintain Security Management

该软件主要提供维护保障规划、维护 BOM 管理、维护保障执行、维护保障知识库管理等,包括:服务规划,支持对保障过程进行规范化的操作;服务手册管理,支持多人协同工作、版本管理和权限控制、自动化审批和发布;维护 BOM 管理,捕捉和管理实物资产的实际维护/实际服务、实际设计和实际制造配置以及相关文件,促进全面的产品和资产可见性;维护保障执行,实现有效的管理维护保障服务请求;服务调度和执行,根据维护保障服务规划和请求,制定维护保障执行作业和任务计划,分配维护保障服务资源,估算服务工作量等;另外,还有维护保障知识库管理、FRACAS 管理、维护保障报告和分析、维护物料管理等,构成一个完整的维护保障管理体系。

三、数字孪生与数字制造

在制造业发展过程中,先进的制造理念、技术、系统及制造模式具有重要地位和关键作用。美国、日本、德国、韩国、西欧以及我国都曾先后提出有关的研究计划,并将先进制造系统技术领域上升到国家战略高度。通过这些计划项目的研究发展,众多先进的制造系统、模式和方法被提了出来,如美国提出的敏捷制造模式、日本采用的智能和仿生制造系统、德国提出的分形制造系统，其他各国先后提出的网络制造、快速制造、虚拟制造、绿色制造及现代集成制造系统模式等。这些制造系统模式及理论方法的研究为数字制造科学与技术的发展和制造战略的建立提供了理论依据和技术支持。

（一）数字制造的产生背景及概念

随着全球化加速和信息化的不断深入，现有的工业生产模式正发生着深刻的变化。《经济学人》于2012年发表的《第三次工业革命》中描述了制造业数字化将引领第三次工业革命，在后续报道中更进一步指出智能软件、新材料、灵敏机器人、新型制造方法和基于网络的制造业服务模式将形成合力，产生促进人类经济社会进程变革的巨大力量。

数字制造，它的革命性在什么地方？它将会取代传统的制造业所采用的各种各样的机械，颠覆性地改变制造业的生产方式。《经济学人》认为，数字化革命正在我们身边发生——软件更加智能、机器人更加灵巧、网络服务更加便捷。制造业正在发生巨大的变革，它将改变制造商品的方式，并改变制造业的格局。

所谓数字制造，指的是在虚拟现实、计算机网络、快速原型、数据库和多媒体等支撑技术的支持下，根据用户的需求，迅速收集制造资源信息，对制造产品信息、工艺信息和资源信息进行分析、建模、规划和重组，实现对产品设计和功能的仿真、评估以及原型制造，进而通过数字化技术快速生产出达到用户要求性能的产品的整个制造过程。也就是说，数字制造实际上就是在对制造过程进行数字化的描述而建立起的数字空间中完成产品的全生命周期的制造过程。

数字制造支持产品全生命周期和企业的全局优化运作，以制造过程的知识融合为基础，以数字化建模仿真与优化为特征。我们可以从不同的视角来描述数字化制造，如：从控制的视角看，有以控制为中心的数字化制造，即NC—CNC—DNC—FMC—FMS（FTL），也就是以数字量实现加工过程的物料流、加工流、控制流的表征、存储和控制；从设计的视角看，有基于产品设计的数字化制造观，即CAD—VD—CAPP—CAM，也就是以数据库为核心，以交互式图形系统为手段，以工程分析计算为主体的计算机辅助设计；将 CAD 产品设计信息转换为产品制造、工程规则，使机械加工按规定的工序和工步组合和排序，选择刀具、夹具、量具，确定切削用量等，将包括制造、检测、装配等信息以及面向产品设计、制造、工艺、管理、成本核算等全部实现数字化；从制造过程管理的视角看，有基于管理的数字化制造观，即 MRP/MIS/PDM/ERP，也就是从市场需求、研究开发、产品设计、工程制造、销售、服务、维护的清单文档、服务体系、物料需求、管理系统等实现以"产品"和"供需链"、"市场"和"投资决策"等为核心的数字化过程集成；从制造过程的视角看，有基于制造的数字制造观，即 MPM/MPP/MCC/IIR，也就是对制造环境和制造设备中各制造单元和制造装备实施制造过程建模、工艺规划、协调控制、可靠运行。根据制造过程优化和产品性能最优指标运用工艺优化方法、数字调度方法、系统优化运行算法等，实现产品制造过程的数字化和最优化。运用智能理论与智能感测技术来获取信息，建立相关的智能模型，以便于分析、处理、优化、控制数字制造的全过程。

数字化制造与相关先进制造理念既相关，又有着自身的特点。如：网络制造，是为制造业内部的信息交流和共享，及外部网络应用服务；智能制造，是为不确定性和不完全信息下的制造问题求解；虚拟制造，则是用虚拟原型代替物理原型，达到可制造性的设计；数字制造，则是从不同角度综合上述制造技术和制造理念的部分属性，更多关注制造产品全生命周期的数字建模、数字加工、数字装备、数字资源、数字维护乃至数字工厂的研究。

从技术进步趋势看，数字制造是一种"增量创新"。虽然在未来相当长的时间内，3D 打印机、工业机器人都不会完全取代传统的数控机床、自动化生产线，但增量部分足以成为经济增长、产业升级的关键。随着个性化需求在工业产品消费需求中的比例不断上升，与数字制造相关的装备制造、材料合成以及信息技术服务，都具有广阔的发展前景。随着全球化加速和信息化的不断深入，现有的工业生产模式正发生着深刻的变化。

（二）数字孪生与数字制造

我们可以这样认为，数字孪生是数字制造发展的最高形式，而数字制造是数字孪生制造的基础。

数字制造专注于制造物理世界本身的数字化，其中包括：数字化设计，即产品设计信息的数字化；数字化工艺，即制造过程工艺数据与信息的数字化；数字化控制，即制造过程的数字化控制；数字化产品，即制造产品的数字化描述；数字化加工，即加工过程的数字化描述与处理；数字化营销与管理，即市场信息与企业决策管理的数字化信息集成；数字资源，即整个制造活动一切制造资源的数字化处理；数字设备，即制造设备的几何与数字化建模；数字维修，即制造产品的售后服务数字化；数字工厂，即通过数据指挥有形工厂的运作，实现企业的数字化运行。

数字孪生不仅关注制造物理世界本身的数字化，同时还建立了与制造物理世界对应的数字化世界。数字孪生的数字化世界实际上是真实物理世界的映射。它充分利用真实世界的物理模型、传感器监测所获取的数据、运行历史过程中的所有相关数据，同时集成多学科、多物理量、多尺度、多概率的仿真和模拟过程，在虚拟的数字空间中完成对真实物理世界的映射，从而真实反映相对应的实体世界的全生命周期过程。

数字孪生最为重要的启发意义在于，它实现了现实物理系统向 CPS 空间数字化模型的反馈。这是工业领域实现数字化与智能化、逆向思维的一次壮举。

一直以来，人们试图将物理世界发生的一切在数字空间中完全重现。只有带有全面的测量反馈回路和全生命周期的跟踪，才能真正实现全生命周期重现的概念；也只有这样，才可以真正在全生命周期范围内，保证数字世界与物理世界的协调一致。

各种基于数字化模型进行的仿真、分析、数据积累、挖掘，甚至人工智能的应用，都能确保它与现实物理系统的适用性。这就是数字孪生对数字制造的意义所在。

这个听上去十分神奇的数字孪生过程可以高度概括为以下几个步骤：准确地将现实世界以数字化的方式表达出来；创造一个产品/流程/设备的数字孪生模型；模拟/仿真/分析/虚拟调试现实世界中发生的问题或未知的领域，利用数字化使得现实和虚拟世界无缝连接；回到过去，解决问题；预测未来，减少失败；将产品创新以及制造的效率和有效性提升至全新的高度。在这里有两点十分关键：一是数字孪生模型，这就需要准确地将现实世界以数字化的方式刻画和表达出来，这一点离不开数字化技术的支持，这也充分说明为什么数字化是数字孪生的基础；二是现实和虚拟世界无缝连接，这就需要很多崭新的技术支持，包括数字化技术、网络技术、自动化技术、虚拟技术等，这也说明数字孪生制造是数字制造的一个新的高度、一个革命性的飞跃。

数字孪生已经被应用在了西门子工业设备Nanobox PC的生产流程里。这台神奇的时光机器实现了从产品设计直到制造执行的全过程数字化，并且创造了一条数字线程，关联所有步骤。

四、数字孪生与智能制造

一般认为智能是知识和智力的总和，前者是智能的基础，后者是指获取和运用知识求解的能力。智能制造（Intelligent Manufacturing，IM）应当包含智能制造技术和智能制造系统，智能制造系统不仅能够在实践中不断地充实知识库，具有自学功能，还有搜集与理解环境信息和自身的信息，并进行分析判断和规划自身行为的能力。

（一）智能制造的内涵

随着智能制造技术与智能制造系统的深入研究和逐步推进，人们进一步认为，智能制造应该是一种由智能机器和人类专家共同组成的人机一体化智能系统，它在制造过程中能进行智能活动，诸如分析、推理、判断、构思和决策等。通过人与智能机器的合作共事，去扩大、延伸和部分取代人类专家在制造过程中的脑力劳动。它更新了制造自动化的概念，扩展到柔性化、智能化和高度集成化。智能制造将专家的知识和经验融入感知、决策、执行等制造活动中，赋予产品制造在线学习和知识进化的能力，涉及产品全生命周期中的设计、生产、管理和服务等制造活动。

德国学术界和产业界认为，正在广泛推进的"工业4.0"概念即以智能制造为主导的第四次工业革命或革命性的生产方法。其简便思想是通过充分利用信息通信技术和网络空间虚拟系统与信息物理系统（Cyber-Physical System）相结合的手段，将制造业向智能化转型。其核心包括三大主题，即智能工厂、智能生产、智能物流。智能工厂重点研究智能化生产系统及过程，以及网络化分布式生产设施的实现；智能生产主要涉及整个企业的生产物流管理、人机互动以及3D技术在工业生产过程中的应用等；智能物流主要通过互联网、物联网、务联网整合物流资源，充分发挥现有物流资源效率。智能制造涵盖智能制造技术、智能制造装备、智能制造系统和智能制造服务等，衍生出了各种各样的智能制造产品。

智能制造系统最终要从以人为主要决策核心的人机和谐系统向以机器为主体的自主运行系统转变。

可以这样认为，数字孪生的理论和技术是智能制造系统的基础，它使智能制造上升到一个崭新的高度。智能是数字孪生的核心内容。

智能制造系统首先要对制造装备、制造单元、制造系统进行感知、建模，然后才进行分析推理。如果没有数字孪生模型对现实生产体系的准确模型化描述，所谓的智能制造系统就是无源之水，无法落实。

数字孪生技术不仅能根据复杂环境的变化，通过动态仿真与假设分析，预测制造物理装备状态和行为，而且能在感知数据的驱动下及历史数据与知识的支持下不断学习、共生演进，使其镜像仿真过程能更准确地预测制造物理装备的状态和行为，即"以实驱虚"。这种"以虚控实"和"以实驱虚"的孪生互动共生，使智能制造上升到一个崭新的高度。

（二）智能制造装备与数字孪生

智能制造系统中的智能制造装备主要包括下述关键技术，这些关键技术都是数字孪生技术的核心内容。

1. 虚实交互的统一语义建模技术

构建虚实交互的统一语义建模技术是实现智能装备数字孪生的前提条件，通过对装备几何属性、物理属性和动力学属性的描述，以及装备零部件间装配关系的抽象描述，构建蕴含装备零部件之间约束和规则的描述模型。

语义模型是准确获取系统信息含义，并对系统数据进行组织、抽象和概念化表达而形成的各种概念的形式化描述。它定义了在特定环境下真实世界中的特征与对应形式化表达之间的关系，具有抽象性、精确性和灵活性等特点。目前的语义建模主要包括面向数据、面向过程和面向对象三种方式：面向数据的语义建模侧重于数据结构的描述，建立于实体、关系和属性之上，没有表示过程或动态行为特征的机制；面向过程的语义建模用来描述应用的动态过程，例如Petri网、进程代数CCS等；面向对象的语义建模可以描述对象的结构、行为和封装等特征，它支持对象、对象间联系和对象演变的建模，具有一定动态特征。

2. 面向几何实例的轻量级快速数字建模与可视化技术

数字几何实例建模技术以数字几何模型为主要研究对象，通过分析模型语义化部件之间的关系，将三维模型分析、变异、组装等多种高层数字几何处理技术进行有机结合，并以结构感知为核心对三维模型进行表示，使得模型的造型和结构更加贴近用户的日常习惯，避免了面向底层网格的复杂操作，大大提高了建模效率，适合大众用户依照自身的创意建模。此外，实例建模技术还为发挥大量可共享数字几何模型资源的重用效能和拓展模型创作过程中创新思维的作用空间提供了更加有效的技术手段。总的来说，实例建模技术融合了模型分析与综合，不仅顺应了数字几何处理语义化生成与应用的发展趋势，还为数字几何处理领域提供了新的研究思路和技术途径，满足了实际应用资源重用的需求，因而促进了数字几何处理技术在工业造型、数字娱乐和艺术创作等多领域的应用。

3. 物理对象与所处环境的智能感知技术

物理对象智能感知技术是保障数字孪生智能装备运行的基础，为孪生装备提供"血液"。

智能感知分为环境感知和智能分析两部分。环境感知是指获取外界状态的数据，如物理实体的尺寸、运行机理、外部环境的温度、液体流速、压差等，依托各类仪器和传感技术，如RFID阅读器、温湿度传感器、视频捕捉技术和GPS等，采集数据并将蕴含在物理实体背后的数据不断传递到信息空间，使其变为显性数据。智能分析是对显性数据的进一步理解，是将感知的数据转化成认知的信息的过程。大量的显性数据并不一定能够直观体现出物理实体的内在联系，需要经过实时分析环节，利用数据融合、数据挖掘、聚类分析等数据处理分析技术对数据进一步进行分析估计，将显性化的数据进一步转化为直观可理解的信息。

4. 基于感知数据的多物理场、多尺度高保真仿真与集成技术

现如今的系统仿真面临许多复杂的问题和挑战，其功能和机理复杂，具有多自由度、多变量、非线性、强耦合、参数时变等综合特性，而且涉及多个学科和专业领域的相互作用、高度耦合。传统的各学科独立设计与仿真验证的模式难以体现各学科之间的耦合关系，须开展多物理场耦合过程的仿真，以验证各学科耦合关系下的更接近于真实情况的实际性能。

多物理场的高保真仿真涵盖运动学仿真、动力学仿真、流体力学仿真、电磁学仿真、结构力学仿真、温度场仿真等多个方面，彼此之间相互作用、共同影响。开展多物理场耦合仿真，需要对多物理场的耦合数据进行迭代交换，逐步迭代推进，最终完成仿真过程。通过对系统的多物理场的综合仿真，得到更接近实际的分析结果，更加精准地反映实际过程。

多物理场高保真仿真技术中涉及的主要问题有物理场间的自动数据交换、物理场间的耦合关系计算、耦合关系的适用范围和稳定性问题等，通过多层快速多极子算法和有限元数值算法的联合应用，突破模型关联技术、网格共享技术、多物理场协同仿真控制等关键技术。

5. 面向工业大数据的智能分析与决策技术

面向装备与环境的感知大数据具有多模态、高通量以及强关联的特征。工业大数据分析与消费互联网领域里的数据分析是有相当大的差别的。消费互联网大数据的分析对象更多的是以互联网为支撑的交互，工业大数据实际上是以物理实体和物理实体所处的环境为分析对象，物理实体就是我们的生产设备以及生产出来的智能装备及复杂装备。在商业数据里面应关注数据的相关性，但是在工业领域里面一定要强调数据因果性，以及模型的可靠性，一定要提升分析结果的准确率才能把分析结果反馈到真正的工业控制过程中。

综上所述，智能制造系统装备的感知、决策、执行、学习、互联特征，是先进制造技术、信息技术和人工智能技术的集成和深度融合。数字孪生技术的关键就是构建虚实一体、以虚控实、共生演进的新型智能装备，用以支撑制造物理装备全生命周期运作的分析与决策，这是智能制造系统中装备智能化发展的一大趋势。

第二节　基于数字孪生的制造过程规划

一、制造过程规划模型

在现代 CAD/CAM 一体化集成系统中，CAM 向上需要与 CAD/CAPP 实现无缝集成，向下需要方便快捷高效地为底层的数控加工设备服务。这就对 CAM 提出了新的要求，如面向对象、面向过程等。然而，由于加工工艺的特殊性，CAM 系统往往难以根据 CAPP 输出的工艺规格文件自动编程，一般需要借助 CAD 功能重新定义零件加工领域，其自身的工艺规划和决策功能也相当不足。因此，很多 CAM 软件提供商，针对 CAM 系统中存在的上述缺陷，根据数控加工工艺的特点，对制造工艺规划过程进行了深入的研究，为 CAM 系统集成工艺规划功能提供了实现方法和手段。

产品的实际制造过程有时可能极其复杂，生产中所发生的一切都离不开完善的规划。现在一般的规划过程通常是设计人员和制造人员采用不同的系统分别开展工作，他们之间无过多沟通，设计人员将设计创意交给制造商，不考虑可制造性，由制造者去思考如何制造。这样做往往容易导致信息流失，使得制造人员很难将设计思想和加工过程紧密联系起来，从而导致工作效率低下，同时增大了出错的概率。

（一）工艺过程规划

工艺设计作为产品制造中的一个重要环节，理论上承担着将设计规范转化为制造指令的任务。一般来说，工艺规划系统主要由三个基本模块组成——零件几何表示模块和零件设计规范表示模块、工艺逻辑推理模块、知识库/数据库模块。然而，在实际研究和应用中，由于诸多因素的影响，工艺设计系统与设计模型相互脱节，主要体现在模块—零件的几何表示和设计规范的表示。主要原因之一是工艺设计系统的开发往往独立于前端几何建模平台。在用户特定生产条件的作用下，由于生产设备和工艺习惯的显著差异，可以直接为同一零件模型制定各种工艺方案，这给 CAD/CAPP/CAM 的有效集成带来了隐患。为了解决上述工艺设计中存在的问题，提出了制造工艺规划的概念。制造工艺规划是一种以制造信息模型为基础，以求解与零件几何模型密切相关的制造工艺方案为目标的制造工艺规划方法。制造工艺规划强调从零件本身的几何和拓扑角度出发，根据设计工艺定义的要求，为 CAM 系统前端提供类似于 CAPP 的支持，并为后端与数控机床的连接提供 NC 代码计算模型。

首先，通过设置加工基元，包括几何特征信息、工艺特征信息等工程语义信息，完成设计模型与制造信息模型的无缝连接。加工基元描述的制造信息模型既继承了零件的几何拓扑信息，又包含制造工艺信息，是制造工艺规划的基础。然后，根据工艺规则库，对各要素进行组合、排序和优化，确定切削域及其加工方案，完成制造过程的规划流程，并以 XML 格式存储，通过解析文件可以得到特定的 NC 处理代码。

（二）加工单元的定义与描述

工艺设计的本质是在特定的加工环境下，产品设计要求与制造资源的制造能力相匹配。每个零件都是由最基本的特征单元装配而成，而零件的加工过程本质上是从毛坯特征向产品特征演变的过程。采用基于零件特征型面的数控加工方法建立数控加工基元（NC Manufacturing Element，NC-ME），以 ME 为基本单位描述零件的几何造型，然后通过 ME 的工艺参数匹配或定制，完成从设计模型到制造模型的无缝链接和自然过渡。根据已有的工艺知识库规则，可以对制造模型进行制造工艺规划。加工基元 ME 是以加工特征为核心的特征几何信息和工艺信息描述的综合实体，是制造信息模型的基本单元。基元包括设计信息、几何信息、加工特征的几何尺寸以及加工特征在零件中的位置尺寸。关联派生基元、特征曲面关键点坐标生成制造信息、工艺信息处理资源、加工精度、表面粗糙度、尺寸公差、加工机床选择、材料信息、特殊技术等。

制造工艺规划文件的定义和制造工艺信息的输出必须以一定的方式进行存储。考虑到使用情况，标准存储格式必须有利于系统之间的集成和跨平台操作。该标准文件格式还可以有效地利用现有的网络技术实现零件制造数据的远程传输和交换，为网络化制造奠定了基础。成熟的 XML 标准文件格式通常用于制造企业定制一个适合于零件数据存储的 CNCML 文件格式。CNCML 文件根据树结构在内存链表中逐个写出处理基元信息，从而实现方便、高效的存储。

（三）产品开发制造过程规划中的模型技术

在产品开发和制造工艺规划中，企业的战略愿景和目标逐步落实到特定的产品和解决方案中，形成特定的制造业务能力，其中模型及其建模技术是制造产品开发过程规划的重要手段。基于模型的系统工程（Model Based System Engineering，MBSE）能提供产品/系统开发的全生命周期不同阶段的支持系统需求分析、功能分析、架构设计、产品验证和综合确认所需的模型和建模手段，以便确定系统需求、功能、表现和结构等要素之间的相关性。因此，在产品开发过程中，制造企业需要应用 MBSE 逐步细化、描绘出企业/系统的各个主要制造规划过程（需求工程、设计工程、制造工程、生产工程及 IT 在内的诸多相关要素），并将收集到的过程、产品和信息等模型转变为下一步产品制造开发的基础，以便构建更详细的子系统或组件模型。上述模型及其相互间的关系对于产品开发（业务架构—IT 架构—技术架构）过程的确认、验证和跟踪都具有非常重要的作用。

1. 数字孪生基于制造过程规划模型的架构

制造产品开发是应用于整个制造生命周期的跨学科、复杂的系统工程，其重点是通过工程实践总结和提炼制造过程模型，即通过对各个开发阶段活动的详细分析，来描述相互交织的业务过程，并获得所涉及的各种技术、方法、系统工具和工程经验。一般传统的制造业务过程先进行数字化设计，然后将设计图纸的产品进行模具制造，再通过模具制造和最终产品的确认，转变为最终生产制造的实际产品，最后开展物理试验进行验证。如果是基于 CPS 的，则使用制造工艺规划、产品和信息模型来定义、执行、控制和管理企业的所有业务；使用建模和仿真手段全面改进需求、设计、制造、测试、生产、服务、无缝集成和战略管理的所有技术和业务流程；使用科学的仿真和分析工具，对研发全生命周期的每一步工作进行综合验证和确认，以做出最佳决策；从根本上减少产品创新、开发、制造的时间和成本。也就是所有制造业务过程（设计过程、制造过程、试验过程、综合确认过程）均在数字化虚拟环境下完成，确保投入物理环境实际生产后一次成功。该模型的代表就是西门子实施工业 4.0 所采用的先进的数字化和虚拟化的产品研究与制造过程。

2. 基于制造过程规划的管理过程模型

制造工艺规划模型侧重于管理领域，即管理过程模型。管理过程模型旨在实现管理的敏捷性、精细化和精益化。通过业务流程的可视化、结构化和标准化，可以实现企业管理业务流程的建模、仿真、评价和后续应用过程的执行、监控、交互和控制。通过建模了解企业/系统的行为，并通过仿真对企业系统的未来动态进行研究和预测，为最终构建一种新的企业管理方法和模式提供依据。为此，西门子以工业 4.0 中产品生命周期与生产生命周期的无缝集成为目标，将信息与管理提升、企业再造紧密结合起来。一方面，在虚拟产品生命周期业务过程中，需要运用需求、项目、配置和数据的管理思想来实现对工程需求、数据结构、配置功能和逻辑关系的全面控制。另一方面，利用 CPS 和服务的管理理念，将实际生产生命周期中的独立产品、工具和相关服务联系在一起，形成一个有机的整体，实现生产过程从原料到工厂的自动化、设备制造的信息化和智能化、生产过程的透明化。

二、制造系统规划设计的结构体系

（一）制造系统规划设计概述

制造系统中使用的机床和信息处理技术的复杂性不断增加，将其引入生产环境中必然需要花费更多的精力来进行规划工作。首先要针对新系统各方面的功能来进行整体性能的规划，这种规划不仅应包含加工生产的领域，例如毛坯加工、质量保证以及后续的生产过程（如装配）等，而且还应包含整个计划阶段，如作业计划安排、NC 编程及生产调度等。此外，提高经营者的素质也是保证系统正常运行的前提。对于高端制造系统来说，由于投资大、风险大，不仅要追求尽可能高的生产率，而且要有良好的维护，这样才能保证系统的正常运行。这些都对生产系统的总体规划产生了很大的影响。

在计划开始时，需要协调生产计划和产品计划，计划和设计需要在产品设计和制造系统之间建立早期的平衡，企业的销售目标也具有特别的意义，因为它会对系统的能力和灵活性产生影响。此外，在规划新的制造系统时，还应考虑到经济和市场战略目标。

在规划、设计和投资项目中，需要具有一定经验和资格的专家来进行规划，确保各项规划工作的协调。规划团队的组成可以根据不同阶段条件的变化进行调整。系统制造商可以通过提供计划方法和工具来支持他们。

（二）规划设计的步骤

制造系统的成功建立，在相当大的程度上取决于项目规划设计和管理的质量。系统的复杂性越高、新颖度越大，对规划设计和项目管理的要求也越高。因此，应加强用户和设备制造商合作，充分利用制造商长期积累的经验和技术能力。在规划目标管理中，预期的和应达到的最重要的目标如下：

（1）把握决策过程中的关键点，重点关注最重要的技术指标、组织指标和经济指标；

（2）编制真实完整的预算，制订进度计划和现场规划，并通过协调程序对项目进行有效的监控，以指导项目的进展；

（3）尽量减少决策错误、操作错误；

（4）在项目实施过程中的任何干扰都可以尽快识别出来，这样就可以用更少的资金来解决问题；

（5）将所遇到的临时困难化为动力，及时为每个受影响的规划单位制定有效措施，以促进和确保整个规划取得成功。

（三）制造系统规划设计的主要内容

在制造系统规划设计中，有关目标部分的内容对于制造系统规划设计至关重要。对于一个制造工厂来说，建立制造系统比购买一台机床对完成一项制造任务的影响要大得多。建立制造系统，进而向现代制造系统转变，将使企业产生新的制造能力，在企业的投资战略中应考虑到这一点。制造系统的投资计划对管理提出了更高的要求。从描述制造系统的绩效和目标出发，我们必须全力以赴地实施这一计划。

考虑到各方面的因素，一个企业或公司在技术目标执行过程中需要明确以下几点：

1. 战略目标

①投入产出时间短；

②库存量和在制品较少；

③生产部门对市场需求波动具有快速响应能力；

④生产一个新产品所花费的时间较少；

⑤能逐步发展成为一个现代智能制造系统。

2. 运行目标

①低的生产消耗；

②较高的生产率和较高的机床利用率；

③生产在面向市场需求的较小批量中进行；

④生产可靠性较高；

⑤组织良好的工件流；

⑥产品质量较高；

⑦具有较大的柔性；

⑧加工一定范围内的工件，无须调整时间；

⑨自动调整加工过程、操作顺序、运输路线和存储位置；

⑩系统具有进一步扩展的可能性和方便的转换性。

3. 目标范围

①加工零件的范围和数量；

②工件尺寸；

③加工工艺；

④合理的、可扩展的或可替代的投资总额。

4. 总体条件

①计划进度框架；

②费用和投资框架；

③零件的品种范围、数量和加工工艺的可改变程度；

④仓库管理、生产计划、CAM 和 CAD 等功能的集成接口；

⑤逐步实现现代智能制造系统的阶段计划和总体计划。

制造系统的目标必须以书面形式清楚地表达出来，并且必须指定一个团队来管理项目并朝着目标的方向前进。有必要任命一位项目经理，由其负责所有交叉的领域。规划小组必须由主管地区和部门的代表组成，以确保其在规划决策初期具有明确的协调职能和权威。

目标明确以后，就需要进一步明确项目的研究内容。与目标相一致的制造系统规划和设计的前提是对制造任务进行详细分析。目标描述必须用精确的术语、细节和约束来表示，任何矛盾都必须澄清，任何重复都必须删除。此外，还应明确说明实现项目规划的方式。在进行项目内容研究时，有五个主要问题需要逐一回答，包括加工零件的范围、所需的制造设备、生产计划和控制、有待实现的项目目标和项目可行性研究等。

项目执行的规划也要非常清晰，包括生产规划、系统组成规划、系统优化规划以及规划总结与评估。

系统设计具体项目包括系统设计的建议、整个系统及其组成部分，以及系统布局等。这里要特别强调的是制造系统设计规划，包含的内容很丰富：

（1）设计系统学

由于制造系统的高投资风险，制造系统设计和规划的重点应放在制造设备的综合设计上。通过全面的总体规划，可以使制造系统的灵活性和自动化程度与系统的上游、下游和未来的生产相协调，从而避免片面的解决方案。在制造系统的设计和计划过程中，必须根据生产大纲和工厂的实际情况进行工艺设计。在分析一定的工件范围和加工要求后，确定工件的夹紧方法和工艺，并选择刀具和夹具。根据从工艺规程中得到的数据，设计制造系统的各个子系统。在规划上，系统结构的决定尤为重要，因为这一步将决定制造系统投资成本的 70%，而其他成本只占总投资的 6%。就系统结构而言，投资额也有很大的不同。因此，利用仿真方法进行尽可能多的规划显得尤为重要，因为设计规划阶段对系统投资有很大的影响。

（2）规划的计算机辅助技术

制造系统的经济用途是通过预先规划来确定当前或未来的技术规格。利用计算机辅助手段可以更快地对不同方案进行评估，降低投资风险，从而提高规划的可靠性。规划的任务不仅是分析系统的薄弱环节，而且要合理选择制造设备、确定加工能力、模拟加工过程。对于制造系统的设计，目前使用的辅助手段主要是网络规划技术、方案对比、分析计算、加权方法和投资评估法，而计算机辅助技术还未广泛采用。由于复杂的柔性制造系统的使用日益广泛，规划工作的重要性更加明显，但它只能在计算机的帮助下才能有效地进行。因此，越来越多的计算机辅助技术将在未来的投资规划和报价领域中获得应用。

数学分析方法和仿真过程可用于观察复杂制造系统的动态性能。随着计算机广泛应用而发展起来的计算机仿真技术，为柔性制造系统的规划设计提供了一个理想的且必不可少的工具，它的优点及作用如下：

①计算机仿真可以模拟在计算机上建立的系统数学模型的动态情况，将从假设系统运行中得到的各种数据进行分割，确定计划和设计的实际系统的特点，以避免设备采购不当造成的巨大经济损失。

②计算机仿真是对复杂制造系统进行动态分析的唯一有效方法。它可以运用系统分析的方法，充分考虑系统的所有参数，研究柔性制造系统复杂的动态特性，有助于研究和解决系统中多个因素相互作用引起的问题，找出系统的瓶颈，保证系统设计和运行的可靠性和有效性。

③仿真没有优化能力，只能模拟已知的系统方案。但它可以评估系统的能力、设备利用率、研究作业调度和排序方法，通过对各种方案的反复模拟，得到满意的方案。

④图形仿真生成的过程动态显示可以使管理人员定量分析系统中存在的问题，使设计人员了解系统的局限性，使操作人员看到制造系统的功能，从而提高用户对制造系统的信心。

⑤计算机仿真能够非常准确地评价不同经营策略对各种成本因素估算值

的影响，从而正确论证系统的经济合理性，最大限度地降低投资风险。

⑥在具体的设计阶段，仿真可以对制造系统进行有效的设计，更好地实现软硬件的集成，提高系统的综合效率。

计算机仿真的上述功能和优点充分表明，在制造系统的规划设计中，充分了解系统是唯一有效且必不可少的工具。国内外的实践经验也充分证明，只有在它的帮助下，人们才能设计出一个符合生产要求、效益较好的制造系统。

三、生产计划仿真与资源规划

生产计划仿真是中小企业 ERP 实施的重要组成部分，它向计划编制人员展示了企业的生产过程。通过对企业生产过程中各种工艺信息的采集、处理、转换和分析，将企业生产过程信息的模拟结果反馈给企业计划人员，从而对企业生产环节进行综合管理、合理配置和管理资源规划，提高企业信息管理水平。通过 ERP 系统生产计划仿真模块，可以了解企业的生产过程设置、各工作中心的加工能力、流程设置、员工轮班安排、工作中心的利用率和闲置率、产品的生产量等。同时，还可以根据实际设置调整参数，使企业管理人员能够更快、更准确地做出决策，提高企业资源利用效率，提高中小企业竞争力。

以车间制造系统为例，制造系统的车间生产计划问题是针对一项可分解的工作（如产品制造），在满足约束条件（如交货期、资源等情况）的前提下，安排其组成部分使用哪些资源、其加工时间及加工的先后顺序，以获得产品制造时间或成本的最优化。在理论研究中，车间生产计划问题通常称为作业调度问题或资源分配问题，它位于规划的最底层，直接控制着生产。

影响调度问题的因素很多，正常情况下有产品的投产期、交货期（完成期）、加工顺序、生产能力、加工设备和原料的可用性、加工路径、批量大小、成本限制等。总的说来，车间生产计划问题就是在时间上合理规划和配置系统的有限资源，以满足特定目标的要求。车间生产系统主要包括生产单元、控制单元和信息单元，涉及加工设备、物料需求和产品计划。

（一）车间生产计划问题的特点及分类

车间作业计划问题是生产计划的一个微观环节，它不仅决定了工件的加工顺序，而且决定了每个工件的启动和完成时间。简单地说，这是按时间分配资源以完成任务的问题。生产计划问题通常有四个基本要素——任务、时间、资源和绩效指标。在经典的车间作业计划问题中，任务通常是指加工层次，即零件的加工过程，而资源通常是指加工设备或机器。调度的目的是合理地分配加工过程中的各种资源，确定最优的加工流程，减少零件的加工准备、等待和传递时间，从而提高设备的利用率和生产效率。作业车间调度问题实际上是一个资源规划与分配问题，具有以下特点：

①计算复杂性。作业车间调度问题大多计算复杂度高。

②动态随机性。制造系统的加工环境不断变化，在生产过程中会遇到多种随机干扰，因此生产调度过程是一个动态的随机过程。

③多目标性。实际的车间调度问题是多目标的，这些目标之间往往存在冲突。

④多约束性。车间调度受到各种加工资源的限制，如加工机床、操作人员、运输车辆、刀具等辅助生产工具。

在中小型制造企业的生产调度问题中，根据生产模式、工件、机器的特点和优化目标，可以采用以下分类方法：

1. 根据生产方式的不同，可分为开环车间型调度和闭环车间型调度

开环调度问题只研究工件的加工顺序，即订单所要求的产品在所有机器上的加工排序。闭环调度问题除研究工件的加工顺序外，还要考虑各产品批量大小的设置，即在满足生产工艺约束的条件下寻找一个调度策略，使得所确定的生产批量和相应的加工顺序下的生产性能指标最优。

2. 根据机器的种类和数量不同，可以分为单机调度问题和多机调度问题

单机调度问题描述的是所有的操作任务都在单台机器上完成，所以存在任务的排队优化问题；多台并行机的调度问题较单台更加复杂，因而更凸显优化的重要性。

对于多台机器的调度，按工件加工的路线特征，可以分成流水车间调度

和普通单件车间调度。流水车间调度研究 m 台机器上 n 个工件的流水加工过程，所有工件在各机器上具有完全相同的加工路线；而单件车间调度是最常见的调度类型，并不限制加工的操作和设备，允许一个流程加工有不同的工具和路径。

对当今中小制造企业来说，生产制造过程优化是提高中小制造企业竞争能力和适应环境变化的关键环节，工序间的紧密衔接、生产节奏的协调对生产的稳定性和连续性有着巨大的影响。当随机事件发生时，企业无法根据传统方法制订生产计划，因而当今企业迫切需要找到一种更加快捷合理的方法来解决生产计划问题。

系统仿真成为解决中小企业制订生产计划的有效方法。离散事件系统仿真是系统仿真的一个重要组成部分，是对系统状态在随机时间点上发生离散变化的系统所进行的仿真，与连续系统仿真的主要区别在于状态变化发生在随机时间点上。离散型制造是指以一个单独的零部件组成最终成品的生产方式。离散型制造企业广泛分布在我国的机械加工、仪表仪器、汽车、钢铁等行业。离散事件仿真系统在时间和空间上都是离散的。在此类系统中，各事件以某种规律或在某种条件下发生，而且单个事件大都是随机的，用常规方法研究很难得出想要的结果。尤其是怎样解决复杂系统的管理与控制问题，面临着较大的挑战和困难。离散事件仿真的研究一般步骤与连续系统仿真是类似的，它包括系统建模、确定仿真算法、建立仿真模型、设计仿真程序、运行仿真程序、输出仿真结果并进行分析。

（二）建立生产过程规划仿真模型

仿真是基于模型的活动。下面对仿真过程的主要步骤加以简要说明。第一步，要针对实际系统建立模型与模型形式化。这个步骤主要有两方面工作，一方面根据研究和分析的目的，确定模型的边界；另一方面必须具备对系统的先验知识及必要的实验数据。第二步是仿真建模，主要是依据系统的特点和仿真的要求找到合适的算法。第三步是程序设计即仿真模型用计算机能执行的程序来描述。第四步是仿真模型校验。仿真模型校验除了程序调试以外，还要检验仿真算法的合理性。第五步是对仿真模型进行实验。第六步是对仿真模型输出进行分析。输出分析在仿真活动中占有重要的地位，甚至可以说输出分析决定着仿真的有效性。

1. 生产规划仿真建模框架

生产规划仿真建模框架是面向对象技术在仿真领域的具体实现，它通过描述组成系统的对象、对象的行为和对象之间的交互关系来描述系统的模型，包括对象关系描述、对象行为描述和对象交互描述三个部分。

①对象关系描述。在实际系统中，对象表示具有清晰边界和意义的实体。在仿真范围内，建模对象直接对应于实际系统中的实体，并具有相应实体的相关属性和行为模式，即模型的建模单元。根据仿真领域的不同功能，将仿真系统中的对象分为两类——仿真支持对象和模型元素对象。仿真支持对象为仿真操作和实验提供了必要的功能和机制，即将实际系统中与实体不相对应的概念或对象抽象为仿真支持对象。模型元素对象是构造模型的基本元素，它对应于实体系统中的相应实体，在实际系统中具有与实体相关的属性和行为。这类对象是建模者直接关心和使用的对象。模型元素对象根据其在实际系统中的作用，可进一步分为物理对象、信息对象和控制对象。

②对象行为描述。面向对象建模强调对对象局部行为的描述。通过描述对象的状态和状态之间的转换，将对象的行为和控制局限于对象本身，实现了对对象行为和控制的封装，体现了对象的模块化。整个系统的行为通过接口机制反映在对象行为与对象之间的交互上。

③对象交互描述。对象行为描述独立于其他对象，但在仿真运行过程中，对象之间需要进行交互，对象交互描述确定了对象之间的交互行为和依赖关系，对象交互过程是对象之间相互传递消息的过程。

生产系统运行时，我们设定一些系统绩效指标来对结果进行分析，主要有系统产出量、在制品库存、订单平均等待时间和设备平均运行率。

2. 集成 ERP、TOC、JIT 的生产计划与控制仿真

ERP 是从国外引入我国的一种科学管理的信息化手段，它不仅能够实现信息实时共享、信息高度集成、提高企业的效率，同时也是企业在竞争中取胜的工具。JIT 源于日本，产生于 1973 年，是丰田汽车公司首创的生产系统，在丰田生产模式下进一步发展成为今天的准时制生产，又叫看板生产或精益

生产。TOC（Theory of Constrains）约束理论，是由美籍以色列物理学家局德拉特（Eliyahm Goldratt）于20世纪80年代中期基于最优化生产技术（Optimal Production Technique，OPT）提出的。综合分析了ERP、TOC、JIT的原理以及各自在我国的应用情况后，不难看出，尽管ERP、TOC、JIT存在控制方式、运行机制基础数据的要求、适用范围等诸多方面的不同，但它们不是对立的而是相互补充的。虽然仅仅使用一种方式就能解决生产中遇到的问题，但集成三者效果更佳。其原因体现在以下三方面：

首先，TOC对ERP强大计划功能具有补充作用。ERP的优势在于制订中长期计划，注重前期规划，用尽可能周密的计划集中安排各环节的人、物等资源以及生产加工，以应对生产的不确定性。ERP的计划体系是从宏观到微观的过程，具体是由生产战略、主生产计划、能力需求计划、车间作业控制组成。但是，ERP在制订主生产计划时，对企业的约束条件没有重点考虑，TOC则是依据约束条件来计划的，集成后就可以很好地补充其不足。

其次，TOC具备更为完善的能力需求分析与车间作业计划。主生产计划完成后，分解成一个个具体的车间作业计划。ERP制订车间作业计划时依据无限能力来进行排产，没有考虑企业的约束能力，只是根据产成品的交货期来分解制定半成品的投入时间、产出时间和数量，这样出现瓶颈环节的堵塞时只能临时到现场解决，解决不及时还会影响整个流程的效率。而TOC是依据有限能力排产也就是有多大能力干多少活，编制时依据瓶颈环节，其前采取拉动方式，其后采取推动方式，这样充分利用了瓶颈环节，还不会出现堵塞的现象。显然依据TOC制订车间作业计划是有明显优势的。另外，TOC在编制作业计划时会综合考虑生产和转运批量以及优先权的问题（例如多种产品在一台机器上的生产次序），而且调度系统也存在瓶颈，这种问题常用约束规则来解决。

再次，TOC与JIT在生产作业控制与执行体系方面互补。制订好车间作业计划后，具体的物料流转是必须严格把控的。JIT拉动看板作业的优势体现在对物料流转有很好的控制方面，可以作为车间作业控制的工具。此外，TOC是在OPT的基础上发展而来的，其除了能力管理的优势外，对现场管理也有着很好的控制力，它的着眼点放在瓶颈工序上，利用一些措施保证瓶颈的利用率从而提高有效产出率。在这两种思想的指导下提出基于瓶颈环节的 JIT 看板生产系统来对车间作业进行运转和控制。

对集成 ERP、TOC 和 JIT 系统都采用计算机仿真来实现，在利用 ERP 制订出主生产计划后，对于瓶颈识别和基于瓶颈环节的看板生产系统都采用计算机仿真来实现。首先，利用仿真软件识别出系统的瓶颈环节，然后对瓶颈环节进行优化，最后在基于瓶颈环节的基础上，对看板生产系统进行仿真。集成系统实施时，重点把握三个关键环节，即主生产计划、瓶颈识别以及车间控制。

仿真进行的一般步骤如下：①问题的定义。明确所要研究的问题，找出生产系统的关键环节。②制定目标。③通过合理假设描述系统。在对瓶颈识别和看板生产系统仿真时，不可能考虑所有的变量，因而需要假定一些条件，排除次要因素的干扰。④仿真输入数据分析。对于输入仿真系统的数据分布情况要进行统计分析。⑤建立计算机模型。依据前面所有分析结果，建立出最能够反映所研究问题的计算机模型。⑥仿真输出分析。最后是对仿真得出的结果进行分析，并做进一步的优化。

四、生产物流仿真与物流规划

物流仿真是基于实物建立系统模型，利用实际数据输入系统平台对系统的物流进行建模和图形模拟，并输出与实物相似或相近的结果。仿真是一种实验，无论实际系统存在与否，仿真测试都具有良好的可控性。仿真过程经济安全，不受场地、环境和天气条件的限制。

（一）物流系统规划与设计

物流系统的规划是物流战略中最重要的问题。选择物流系统结构设计后，将保持长期运行，这不仅直接关系到其运营成本，而且对物流系统的工作绩效水平也有决定性的影响。物流系统规划不合理会导致客户服务水平不能满足预期需求，最终使物流对企业整体利润的贡献值低于预期水平。对于制造企业而言，物流系统结构的设计对提高整个物流系统的运行效率起着重要的作用，对于大多数制造企业来说，平均物流成本超过40%，仅次于其销售的产品成本。此外，大量实例证明，企业物流系统结构的优化和配置可以使企业整体物流成本降低5%到10%。通过加强企业物流系统设计的配置和优化，企业可以在为用户提供满意的服务的同时，将总资本利润率维持在较高水平。

物流系统的布局规划包括物流设施数量和位置的确定、物流设施规模的确定和配套运输方式的确定。一个好的物流系统规划方案可以使物流通过相关物流设施达到全过程的最佳效率和最低成本。物流设施可能包括许多相关的建筑物、构筑物和固定的机械设备，一旦建成和使用，就很难搬迁，如果原规划方案不合理，就会付出巨大的代价。因此，物流设施的选址是物流系统规划设计中的一个非常重要的环节，在整个物流系统的规划设计中具有很高的地位。

物流系统规划是一项系统工程，其核心内容是通过需求分析对物流系统的设施和设备进行规划和设计。其规划设计需要综合考虑相关因素，采用科学的方法确定设施的地理位置，使资源得到合理配置，使系统能够有效、经济地运行，以达到预期的目标。物流系统规划中所涉及的设施概念的具体含义因所研究对象系统的具体情况而不同，既可以是生产设施，也可以是服务设施。

通常，当企业对现有的物流系统进行改革和重组，或者在现有的物流系统中增加新的物流设施，或者建立新的物流系统时，就须进行物流系统的规划和设计。科学合理的物流系统规划可以使相应的货物或服务流动更加顺畅，进一步减少设备或人员需求，降低整个物流系统的运行成本，提高客户的服务满意度，从而提高整个系统和企业的综合效益。

在物流系统规划过程中，需要考虑许多相关因素。这些因素往往包括自然环境因素、企业管理因素、社会因素和人文因素。具体而言，自然环境因素往往包括天气、地理、水质等；企业管理因素通常包括人力资源、市场环境、物资供应等因素；社会人文因素主要包括相关法律法规、税收政策、文化背景等。此外，根据问题的具体情况，在不同的物流系统规划中所考虑的因素也是不同的。

（二）物流系统规划设计分类

根据不同的标准，物流系统规划问题有不同的分类方法：

根据选址性质，物流系统规划分为新设施系统（生产设施或服务设施）规划、扩充系统规划和转移系统规划。

根据对要素的关注点，物流系统规划分为关注输入要素（比如原材料和劳动力）的规划、关注转换过程（比如转换过程装置的特殊要求）的规划、关注输出（比如接近市场和顾客）的规划。

根据选址对象，物流系统规划分为制造工厂规划和服务设施规划。

根据需要规划的设施数量，物流系统规划分为单一设施规划和网络多设施规划。

物流系统的规划通常要考虑三个方面的决策问题——客户服务水平、设施选址方案和运输调度方案。除了设定所需的客户服务水平以外，各部分都应该统筹考虑。其中的每个决策因素都会对整体物流系统的规划产生重要影响。

1. 客户服务水平

企业向客户提供的服务水平对物流系统规划的影响大于其他因素。因为根据不同层次的客户服务目标，可以做出不同的投入来规划相应的物流系统。因此，确定合适的客户服务水平是物流系统规划中需要认清和解决的首要问题。

2. 设施选址方案

设施选址通常是物流设施数量、物流设施选址、设施规模和配套运输方式的主要内容。良好的设施布局方案往往能够考虑到运输材料的费用是否适当。采用不同的供给渠道，会对运输总成本产生不同的影响。如何找到成本最低或利润最高的需求分配策略是设施选址规划的核心。

3. 运输调度方案

运输调度方案通常包括具体的运输方式、运输路线、调度策略和转运批量等。这些决策受到需求节点和供应节点之间的位置和距离之间的关系的影响。不过，结果又会对有关后勤设施的布局决定做出反应，从而对计划产生影响。

这三个决策问题中的每一个都会影响其他决策问题并与之相关，它们之间的关系需要在具体的物流系统规划中加以考虑。物流系统规划问题的最佳解决方案是在客户服务水平目标的基础上，在指定的约束条件下，在物流设施位置、运输调度配置等因素的影响下，在成本、响应时间等满意度指标之间找到最佳平衡点。

（三）物流系统规划设计仿真

在不了解实际系统的情况下，将系统规划转化为仿真模型。通过运行仿真模型，对规划方案的优缺点进行评价，并对仿真中常用的方案进行改进。在系统建立之前，可以对不合理的投资和设计进行修改，以避免不必要的资金、物力、人力和时间的浪费。

复杂的物流系统往往包含不同的运输工具和多种运输路线。运输调度系统是物流系统中最复杂的系统。计算机仿真可以首先建立模型，动态运行，然后以动画的形式形象地显示运行状态、道路状况、物资供应等。仿真还提供了各种结果数据，包括车辆利用率、运行时间等。通过对运输调度过程的仿真，运输调度人员对所执行的调度策略进行了评估和测试，可以采用更加优化的路径和调度策略。

仿真优化技术是近年来兴起的一种技术手段，它不仅为仿真提供了优化算法驱动的决策支持，而且解决了传统优化方法求解复杂系统模型的问题。现代计算机虚拟仿真技术通过建模和仿真，将虚拟仿真模型与实际系统连接起来，然后利用动态仿真来验证所设计系统的运行情况。与传统的测试方法相比，虚拟仿真技术具有成本低、重复性强等优点，并且观察所设计方案的实际执行情况并不需要太长时间，因此，基于仿真建模技术的物流系统规划设计在企业中得到了越来越广泛的应用。

一般来说，物流系统的规划一般由两个阶段组成——一次评选和两次评选。一次评选阶段是根据一般物流设施规划原则和具体的设施选址约束，对每种备选设计方案进行粗略的选择。这一阶段的工作通常是简单和容易实现的，但它是非常重要的。通过对方案的初步选择，不仅可以大大减少后续阶段的工作量，而且可以使下一阶段的目标更加清晰。二次评选阶段则会比一次评选复杂得多，因为往往经过一次评选筛选出来的备选方案并不能采用简便直观的手段进行择优，规划人员需要借助更为细致的定量与定性手段来进行评估与对比。定性的手段一般是结合层次分析法以及模糊综合评价等方法对相应的备选方案进行评价，找出最佳的设计方案；定量的手段则一般通过构建相应的数学模型进行求解来寻找最佳的设计方案。

物流系统规划的一般流程和具体程序如下：

1. 确定系统规划目标

明确所实施的物流系统规划的具体背景、意义和目标，所规划的物流系统具有的潜在作用。然后，整理合理的决策指标，以便为之后的方案评估提供依据。对于一般的优化问题，相当于寻找模型的目标函数，通常有几种典型的类型，例如响应时间的最小化、成本的最低化、利润的最大化等等。

2. 分析问题约束条件

在进行物流系统的规划时，必须事先对问题的基本情况有详细的了解，对物流配送的下游节点的分布情况以及交通运输条件的情况，都应该有周全的资料，这样才能有效缩小具体设施选址的范围，减少不必要的工作量。

3. 收集整理相关数据

一般情况下，实施物流系统规划须考虑相应的约束和目标函数，建立相应的数学公式，试图找到最低成本或客户满意度最大的方案，因此需对相关资料和基本数据进行全面的收集和分析，以确定相关的成本。

4. 建立优化模型并求解

针对相应的数学模型，可以通过各种数学和非数学手段进行求解，获得相应的结果。针对不同的问题，可以根据情况选择不同的方法，例如启发式优化算法等等。

5. 方案综合评估

结合具体的土地购置条件、所在地域法律法规、气候水文等各类因素，对所得到的结果进行综合评价，以评估求得的方案是否具有现实意义和可行性。

6. 方案修改与复查

深入考虑各类其他因素对所求解结果的影响，给不同的要素赋予一定的权重，然后使用层次分析法或其他方法对其进行进一步的考察。如果复查通

189

过，则将该求解结果视为最终的求解方案；否则，应根据需要进行适当的调整，再反复完成前述步骤重新进行相应的评估与筛选。

在对物流系统进行相关规划时，应当同时考虑宏观因素与微观因素，从整体的层面上对各个要素进行深入的分析并平衡取舍，最终确定所需要的设计方案仿真优化方法，采用基于仿真技术与优化算法相结合的方式对所确立的目标进行优化。现今，大量的实际工程问题都可以被归结为仿真优化问题。

基于传统仿真技术的方法通常是比较不同决策输入的期望输出，以选择解决相应问题的最优决策输入。这在所需决策的可能值比较有限并且较少的前提条件下，只需要对其所对应的每一种决策组合情况进行仿真与评估，通过比较不同方案之间的期望输出，挑选出所需要的最优结果。在这样一个典型的设计过程中，不需要用到所谓的仿真优化技术。而当问题的复杂度与规模上升，可能的决策输入组合较多的时候，上面所提到的规划设计过程将消耗大量时间与计算资源；而另外一种可能的情形是输入的决策变量取值在一定的范围之内，但是为连续型取值，这时的最优决策则显然不可以通过简单的比较期望效用来进行搜寻。

长期以来，利用传统的优化技术来解决这一问题一直是主流。首先需要构造问题的解析模型，然后用相应的分析方法对其进行优化和求解。然而，由于实际问题往往具有复杂性和随机性，难以建立精确的分析模型，因此求解结果也是一个很大的挑战。仿真技术作为一种新的数字技术，通过系统建模的手段，将系统的各种相关要素有机地、结构化地组织起来，很好地反映了建模系统的真实行为。因此，可以利用仿真建立的模型来代替传统的分析模型，更准确地研究相应系统的行为特征。进一步考虑，由于仿真方法本质上是一种实验方法，通过不断地列举各种可能的方案并逐个对其进行模拟和评价，其搜索目标非常不明确，而且该过程不能给出问题的最优解或满意的解，特别是当有许多实验方案时，简单的模拟方法变得非常烦琐和复杂，甚至无法实现。将仿真技术与优化算法相结合的仿真优化方法为解决实际问题提供了一种高效、高质量的优化方法。

第三节　数字孪生系统的应用

一、车间调度数字孪生系统

（一）数字孪生车间调度机制

1. 虚实演进的车间调度策略

车间生产调度作为车间生产的基础，在制造业中扮演着不可忽视的作用。它可以充分利用车间现有的各种生产资源，合理地分配生产加工任务，从而提高车间生产的效率，同时保证生产过程的长期稳定运行。然而在新的智能制造的大背景下，传统的车间调度方式已经不再满足生产需要。一方面由于车间生产资源的多样性，其与车间调度相关的数据众多，如何精确获取各项调度资源信息，实现准确的车间调度，是新的制造模式下面临的一个重要问题；另一方面，由于车间生产过程的复杂性，车间生产调度参数会不断变化，导致难以保证计划的准确性，同时车间也经常会发生随机扰动事件，如机器异常、工人缺勤、新订单到达以及交货时间变化等，这些动态干扰会导致生产过程偏离调度计划，影响生产执行效率。因此必须赋予车间生产调度新的内涵，以适应新形势下的制造模式。

数字孪生的虚实映射和实时交互技术可以实现整个车间生产的数字化，并在不断的虚实迭代过程中形成共同演进，很好地满足新的车间调度需求。基于数字孪生的车间调度策略，主要由物理空间和虚拟空间两部分组成，这两部分通过虚实交互实现反馈迭代和共同演化。在虚拟空间中，可以获取来自物理空间中的生产资源调度数据，例如设备、工人、任务信息等。基于获得的相关资源数据，建立调度模型并利用优化算法获得调度方案，并通过虚拟仿真验证后反馈给物理空间供其执行。在物理空间中，计划被分解为任务安排、设备加工、工人分配和物料运输等各部分，通过实际的生产执行再次产生新的生产数据。

在虚实空间交互映射的基础上,结合车间调度问题,实现车间调度的虚实演进优化。基于数字孪生的车间调度机制主要运行流程如下:实际的物理车间生产执行系统可以实时感知获取车间生产中与调度相关的信息,如设备运行信息、人员在岗信息、加工任务信息以及生产状态信息等各种调度数据,并且基于感知数据监测分析出实际车间生产中的机器异常、工人缺勤等各种动态事件,将其反馈到相应的虚拟空间中,虚拟空间在感知的调度数据的基础上,结合监听到的生产动态事件,触发虚拟空间的更新优化过程,通过车间调度中的调度优化目标以及相关约束条件,建立考虑设备和工人的双资源柔性作业的车间调度模型,并采用多目标优化算法生成新的调度方案,在虚拟仿真验证后反馈回物理车间执行调度方案,形成虚实不断迭代演化的车间调度过程。

在这种调度机制下,一方面通过对车间生产资源的实时感知,可以准确获取生产调度所需的各种数据,同时通过实时加工数据的补充,得到更加准确的生产加工参数,从而保证车间生产优化调度的准确性;另一方面,基于物理车间的感知数据分析监听得到的各种车间生产动态干扰信息,通过虚实空间的实时交互,虚拟空间便可对车间生产中的各种动态干扰事件进行实时调整,从而更好地适应车间环境的变化,及时响应生产异常。

2. 基于生产异常的动态重调度

在实际的车间制造过程中,由于其生产复杂性,车间经常会发生一些异常扰动事件,极大地影响了车间调度方案的准确性,制约着生产制造效率。基于数字孪生驱动的车间调度机制,能实时感知生产过程中的各种数据,从感知数据中获取各种动态变化事件,如机器状态异常、工人缺勤、新任务到达等,并且通过虚实交互获取生产实时事件,确认受影响的工件、工序以及设备和操作工人等,虚拟车间更新调度参数,并基于实时事件动态调整调度方案,或生成新的调度方案,以适应车间生产的变化。

在进行车间生产的动态重调度时,除了要考虑完成时间、加工成本、机器负载等多种调度优化指标,同时还要考虑重调度前后调度方案的偏离程度。这是因为车间的生产资源都是根据调度方案准备的,一旦调度方案发生变化,相应工序的加工配套资源都会随之发生变化和转移，导致生产资源的重新分配并产生额外的费用，因此应尽量减少与原调度方案间的偏离。调度方案中影响最大的偏离度包括两个方面：一是重调度前后两种调度方案中尚未执行加工操作的工序，即工序偏离度；二是重调度前后两种调度方案中加工设备是否一致，即机器偏离度。

在重调度时，首先考虑的是已参与初始调度但未执行加工操作或者正在执行中尚未完毕的工件工序，已加工的工件工序不再考虑。其次，针对正在执行中尚未完毕的工件工序，则需要分情况采取不同的操作。如果该时刻正在进行加工操作的工序与异常事件无关并且没有受到影响，则按照原始方案继续执行当前工序直至完成；如果该时刻正在进行加工操作的工序与异常事件有关，如正在加工过程中的工序的加工设备状态异常，则该工序应在重调度后重新加工，并且异常设备在维护时间内不可用。因此，需要更新的参数有剩余工件信息参数、设备和工人的可用时间范围、工件的交货期参数等。通过更新调度相关参数，结合基本的调度优化指标并且考虑最小化调度方案偏离度，采用多目标优化算法重新生成调度方案从而实现调度调整。通过对车间异常事件的实时感知，不断调整更新调度方案直至整个生产过程结束。

3. 基于数字孪生的车间调度系统实现

车间调度模块是车间生产中的核心功能模块，车间的生产加工任务都是基于车间调度方案进行有效组织安排生产完成的，通过车间调度模块可以生成更加优化的调度方案，更好地安排每个工件工序的先后顺序，更加高效地组织生产。车间调度模块主要包括调度方案生成及虚拟仿真功能。

（1）调度方案生成

调度方案生成主要包括通过待调度任务信息生成调度方案，可以根据车间异常事件进行动态重调度（其中待调度任务列表信息主要包括每个工件任务的基本信息及其交货期），并结合调度参数信息中的每道工序的双资源柔性下的加工信息，为车间调度提供更完整准确的数据，从而实现更优化的调度方案。点击页面上方"开始调度"按钮，即可生成同时优化多个目标后的初始调度方案，通过调度甘特图可以直观看出各工件的调度安排结果，即每道工序分别被分配到哪一台机床设备并且由哪位操作工人进行加工。由于车间生产中存在异常事件，通过对异常事件的监测，可以对现有调度方案进行调整，从而实现车间生产动态调度过程。

（2）虚拟仿真功能

针对车间生产调度过程，设计了数字孪生车间调度3D虚拟仿真模块，实现网页中的车间调度过程的三维仿真。

进入车间调度虚拟仿真模块时，系统会根据所生成的调度方案进行车间调度3D仿真，同时可以依据对车间动态事件的监测，实现车间生产的动态重调度，并可相应地展示车间动态信息。在初次进入车间调度虚拟仿真模块时，系统会根据所生成的调度方案进行默认的调度仿真，按照调度方案中每道工序以及相应的所选设备和操作工人信息，进行压缩时空比的快速调度仿真。同时，车间生产过程中会存在动态异常事件，因此在基于感知数据监测到车间生产异常事件时，虚拟仿真模块会针对异常事件进行响应，生成新的调度方案。当检测到设备状态异常时，虚拟仿真模块会将对应的异常设备变为红色并且闪烁以表示该设备异常，在更新调度方案的同时会在左上角的面板上展示异常信息并下发新的调度任务。另外，在调度虚拟仿真中，工件工序加工完成后会暂时存放在所加工设备旁边，当调度方案收到下一道工序的加工任务时，工件会由叉车自动送到对应设备进行加工，当工件的最后一道工序完成时，工件颜色会变成绿色。车间调度虚拟仿真模块能够实现车间生产的动态调整优化仿真，实现基于数字孪生的车间调度的虚实共同演进，从而保证系统的有效性。

（二）数字孪生冲压生产线建模

基于数字孪生的内涵以及针对数字孪生生产线运行机制，本节提出了数字孪生生产线模型架构，该架构主要包括4层：

物理层：由人、物料和设备等物理实体以及相关生产活动的集合，通过优化配置的资源按照生产指标完成现实中生产加工的任务，需要融合异构多源多模态数据融合封装技术、异构制造资源感知接入技术、分布式协同控制技术等。

数字层：是相关生产线信息服务平台，为数字孪生冲压生产线的运行提供各种支持服务，包括物理感知数据的清洗、关联和挖掘等功能，同时具备孪生数据的集成、融合和处理功能；涉及智能生产运行优化技术、多源异构数据融合技术、迭代运行与优化技术等。

模型层：是物理实体的高度刻画和映射，包括几何、行为、规则等模型以及相关仿真、分析、优化等活动，需要有虚拟生产线构建、仿真和验证技术、虚拟现实和增强现实技术、虚实融合技术等。

应用层：负责为制造生产提供相关服务，包括智能排产、产品质量管理、能效优化分析、精准管控等各类生产服务。

1. 冲压生产线物理数据模型

研究和构建数字孪生冲压生产线模型要求对生产线进行详细刻画和分析。在生产加工过程中，运行环境复杂多样且具有动态性。狭义来讲，生产线由物料、人员、设备、环境和知识组成。广义来讲，生产线是利用现有或者外来资源，通过一系列生产加工工艺对制造资源进行加工处理，转化成半成品或成品来实现生产任务所经过的路线。

数字孪生冲压生产线模型的实现依赖于丰富的制造资源信息库，制造资源是制造过程所需要素总和，实际生产环境的复杂性也决定了制造资源的多样性、异构性及动态性。根据实际生产情况和用途将制造资源分为有形资源和无形资源，其中有形资源是生产过程中有明显物理特征的，包括物料、人、设备，物料涉及原材料、零部件、半成品、成品和外购件，设备涉及感知设备、监控、加工设备、装配设备、计算机和服务器等，人分为管理人员、操作工人、搬运工等；无形资源包括制造过程中所需的领域知识、方法、规则、模型和经验等。

本章采用面向对象建模方法（Object-Oriented Methodology，OOM），利用统一建模语言（United Modeling Language，UML）建立物理数据模型。根据建模规则，将生产线物理数据抽象为生产线物理数据类、人员类、设备类、物料类、环境类和知识类，可对每个子类单独展开分析，每个子类之间存在多种关联。

2. 冲压生产线数字信息模型

（1）冲压生产线系统本体建模

数字孪生冲压生产线要求实现物理空间和虚拟空间的虚实映射。物理空间中生产线是完成生产活动的主体，有着复杂、多样的特点。在生产线物理数据模型构建过程中，需要对生产线范围内的制造资源、生产活动等进行定义及分类分析，建立物理数据模型。本体作为一种知识描述方法，不仅具有充分的知识表达能力，还具有推理功能，能够充分满足对生产线的数字化描述需求。

（2）冲压生产线三维可视化虚拟建模

数字孪生生产线是围绕物理空间中的物理生产线、虚拟空间中的三维生产线模型以及信息服务平台之间的交互融合与互联互通。由孪生数据驱动整个模型的运行，相关信息在物理空间和虚拟空间之间传输，知识的不断积累使数字孪生模型得以不断完善和丰富。数字孪生冲压生产线可视化虚拟模型是物理生产线实体的真实刻画，需要呈现出逼真的三维效果。

数字孪生要求实现虚实映射，生产线虚拟空间中的可视化模型搭建采用 SolidWorks 与 Demo3D 协同的方法，在构建数字孪生模型时有利于完善良好的人机交互、增强平台可视化效果。例如，某车间冲压生产线是由 1 台 LS4-2250/1 型、3 台 JF39-1000C/2 型闭式四点单动压力机和单臂快速送料系统组成的 PLS4-5250 全自动化快速柔性冲压生产线。

（3）车间数字模型运行行为分析

静态的三维模型仅能够反映设备的外观、结构等信息，无法展现设备的运动行为规则，所以需要对虚拟空间中冲压生产线的设备进行运动行为分析。

由四台压力机、五台上下料工业机器人组成的车间冲压生产线三维模型。机器人负责搬运物体到指定工位。在第一个压力机之前有一个工业机器人，负责从对中台上取下物体，放到第一个压机模具上。当传感装备监测到物体与机器人在安全位置时就发送指令信号，压力机对物体进行冲压动作，当完成一个动作回到安全位置之后，后面的上下料机器人接受指令取出物体放置在后一台压力机上，当机器人和物体在运动轨迹的安全位置时，前一台机器人收到上料指令传送新的物体到冲压线进行加工，这样循环下去直到完成生产任务。由于加工需求的不同，不同的物体有不同的加工工序，当需要三次冲压的物体冲压工序完成后，空闲的压力机将起到传送物体的作用。

以冲压线中压力机之间的上下料工业机器人为例进行设备运动行为分析。

冲压生产线上下料机器人动作流程单一，只有上料、卸料两个主要动作，它的主要轨迹点可以归纳如下：

HOME 点是一个机器人的开始点和结束点，当设备出现问题或其他故障，需要人员进行干涉时，机器人都要停在这个位置。原点位置的选择须保证机器人各个轨迹点到原点的轨迹不与周围的设备干涉。

A1 点是等待卸料点，位于前一台压力机外面。A2 点是准备抓料点，位于 Pick 点的上方。

Pick 点是抓料点，机器人在这个点将物体吸住。A3 为抓料完成点，位于 Pick 点上方，机器人抓取物体后将上升到这一点。A4 为退出下料点，位于压力机外面。

B1 点为等待上料点，位于下一台压力机外面，机器人在此等待上料。B2 点是准备放料点，位于 Drop 点上方。Drop 点是放料点，机器人在这点释放物体。B3 是放料完成点，位于 Drop 点的上方。B4 点是退出上料点，位于压力机外面。上下料机器人的轨迹点要确保机器人、端拾器、物体与压力机等设备不产生干涉，尤其注意在机器人进入以及退出压力机时不要与其产生干涉。

3. 冲压生产线数字孪生模型

基于物理数据的冲压生产线数字孪生模型由生产线物理数据模型以及数字信息模型相互关联组成，并通过相应的通信接口和映射关系实现信息的互联互通。

在物理空间层面，生产线实体按照生产任务进行相关的生产活动，车间内的一些传感设备如传感器、智能电表、RFID 设备等部署于生产线各工位的监测点，感知数据通过无线传感网络上传到系统。采用面向对象的方法建立冲压生产线物理数据模型，按照制造资源及活动把物理数据模型分成人员类、设备类、物料类等，在各个类的属性及操作信息之间建立相互关联，方便对数据进行统一管理，为后面工作提供数据基础。

在虚拟空间层面，一方面，采用本体的方法建立数字化描述模型，将冲压生产线的制造资源、生产活动等进行数字化、虚拟化映射。另一方面，搭建冲压生产线三维模型，从几何形状、物理属性、行为响应等方面对物理生产线实体进行真实刻画和描述。依托 SolidWorks 三维建模软件建立相关设备的几何模型，导入 Demo3D 平台，设置模型相应的物理属性，搭建专用组件库。

搭建好的数字孪生冲压生产线模型，其物理空间与虚拟空间的信息交互通过孪生数据建立关联。一方面生产线本体模型通过 Jena 框架进行读取、推理以及修改；另一方面基于虚拟现实的三维虚拟模型则依托平台数据接口很方便地与数据库或者 PLC 建立关联，这样冲压生产线孪生模型的相关属性会根据映射关系及规则随着实时数据而改变，实现信息的互联互通。

4. 基于数字孪生的冲压生产线系统实现

数字孪生模型显示模块的界面同步显示了仿真运行的模型和实时监测的相关数据，可以支持对不同生产线进行查看，还可以选择相应设备实时显示其电压、电流、能耗的折线图。

系统中通过 Browse WebGL 工具嵌入了模型，基于 B/S 的访问机制，通过 Ajax 方式请求模型数据，在界面使用 Unity 引擎对三维模型进行解析。界面可以看到模型同步运行，使用鼠标和滚轮可以进行视角变化，如图19所示。其他 PC 也可通过对应端口访问该模型，既能达到多人共同扩展开发的效果，也有利于不同工作人员监测生产过程，实现企业利益最大化。

图19 数字孪生生产线系统界面

二、机床数字孪生系统

(一) 数字孪生机床模型

考虑到数控机床在制造业中的重要性,在数控加工中引入数字孪生的概念,构建数字孪生机床(Digital Twin Machine Tools,DTMT)。DTMT 在几何、物理以及功能方面能准确地描述数控机床加工运行过程,实现虚拟信息空间对物理空间的精准描述。DTMT 不是单一的仿真模型,而是多学科、多尺度仿真模型的集合,每个模型都基于特定的目的与用途,高保真地模拟数控机床的运行状态。此外,数控机床加工运行状态会随着时间不断发生变化,DTMT 也将同步迭代更新相应模型的参数,使得 DTMT 不仅可以模拟物理机床的当前运行状态与性能,还可以借助其预测功能发现潜在问题,如数据异常、刀具磨损、干涉碰撞等情况,最终达到物理驱动、虚拟控制的目标。DTMT 基本架构包括物理空间、虚拟空间以及二者间的语义交互三部分。

在物理空间中,与传统数控机床相比,DTMT 除具备传统数控机床的功能和作用外,还具备多源异构数据的实时感知与互联功能。传感网络是对物理空间中数控机床的全方位信息(例如声音信息、温度、湿度、报警以及微位移等信息)进行实时感知,通过有线或无线网络与虚拟空间进行信息传输与交换,为虚拟空间构建描述模型和智能模型提供数据支持。

在虚拟空间中,DTMT 对物理数控机床进行全息复制,实现与物理空间的真实完整映射,分为描述模型和智能模型两部分:其中描述模型从几何、物理、功能等多个层面对实际物理机床进行建模,通过网络本体语言(Ontology Web Language,OWL)对各模型进行了统一的描述与表达;智能模型是 DTMT 的"大脑",通过实时感知数据不断地更新和完善数控加工知识库,并结合优化算法调整加工参数,给出相应的加工方案与控制指令,进而指导物理空间的实际数控加工过程。

语义交互是实现虚拟空间与物理空间沟通的桥梁:一方面,物理空间的感知数据通过语义模型的转换与识别后上传到虚拟空间,虚拟空间依据数据信息不断更新其描述模型，使得DTMT能始终维持在高保真的状态下；另一方面，语义模型将虚拟空间智能的决策转换为控制指令，确保智能模型的指令能够被物理空间数控中心有效执行。

（二）物理空间数据感知方法

为了确保DTMT与物理空间机床的一致性，以便DTMT能完全反映物理空间中数控机床的实时工况与运行状态，需要对数控机床进行实时数据感知。依据机床感知数据变化的频率，可将感知数据分为静态数据、动态数据和仿真数据三类。

1. 静态数据感知

静态数据指变化可能性很小甚至不会变化的数据，包括数控机床的设备编号、几何信息、工件的材料尺寸信息、刀具信息等，这些数据不随数控机床加工运行而变化，在数控机床运行之前就已经存在，因而，静态数据感知主要是依据人工录入或者是文本提取的方式获得。

2. 动态数据感知

动态数据是指在加工过程中时常发生变化的数据，如数控机床的主轴功率、各运动轴坐标、转速等。这些信息随数控加工的执行而不断发生变化，具有实时性，这给数据感知带来了不小的难度。为保证能实时监测到数控加工中的动态数据，采用软件与硬件相结合的方式监测动态加工数据，将待感知的数据按采集方式的不同分为内部感知数据和传感器感知数据两类。

其中内部感知数据包括轴功率、轴坐标、轴负荷、进给速度等信息，可以直接从数控系统中获取。传感器感知数据无法从数控系统中直接获取，要获取相应的数据，必须依据待监测的感知数据的特点，选择适用于动态数据感知的合适类型的传感器，比如在数控机床温度感知过程中，选用光纤布拉格光栅FBG传感器能够更好地适应数控机床在复杂加工环境下对温度数据的实时感知。

3. 仿真数据感知

仿真数据主要指机床的运行状态、刀具磨损、加工能耗等信息，是结合静态数据与动态数据进行学习、预测、推理得到的一类数据，因此，对于这类数据的感知，不能直接通过数据感知系统得到，均须结合相应的动态或静态感知数据及历史数据对其进行预测建模，比如基于温度数据预测机床热误差，通过机床转速、切削力、切削深度等数据预测刀具剩余寿命等。

（三）虚实空间语义交互模型

在虚实空间语义交互中，物理空间通过实时感知信息与虚拟空间进行交互，虚拟空间则通过数控仿真将相应的决策以 G 代码的形式发送给物理空间数控机床，实现虚拟空间向物理空间"交流沟通"。

为了充分描述数控机床的加工过程，并在一致描述的基础上进行虚实空间语义理解与交互，本节采用基于 OWL 的统一语义描述方法。基于 OWL 本体的数控机床统一语义描述框架，首先建立数控机床加工的相关知识库，利用 XML 对知识库中的数据或信息进行统一的表达，实现数据的同构化。然后，使用 OWL 对数控机床加工过程中所涉及的知识资源进行形式化描述，提供统一的语义描述环境，进而保证语义理解和交互的可行性与准确性。最后，随着时间的累积，依据数控机床的历史运行情况，淘汰过时的加工知识，如随着数控机床运行时间的延长，数控机床的健康状态、加工能力、切削误差等都会发生一定的变化，如不对上述数据进行更新，可能会影响数控机床的加工。通过更新本体知识库，能够增强知识库的准确性，进而为 Web 端提供精确的应用与服务。

本节构建的虚实空间交互的语义模型一方面能够对物理空间的感知数据做出相应的识别转换，另一方面对虚拟空间的仿真决策进行解析。比如当物理空间数控机床接收到零件的加工 G 代码开始加工时，动态感知数据被不断地获取，并传送到虚拟空间中，语义模型需要依据 XML 解析规则对感知数据进行解析，以确定每个感知数据代表的具体含义，比如将运动数据进行解析并进行相应的运动参数转换，然后发送给虚拟模型的运动模型，从而实现虚拟机床与物理机床实时联动的效果；当感知到数控面板上有按键按下时，语义模型需要按照其与 DTMT 虚拟模型的映射关系，调整虚拟模型的状态，"手动"按键按下时，虚拟空间中数字孪生模型的运动方式调整为点击运行状态；当虚拟空间仿真模型对数控机床加工路径进行仿真后，语义模型通过比例尺

（三维模型尺寸与实际尺寸比例）来计算物理空间中实际数控机床所须走的加工行程与轨迹，完成其运动行程的转换。

（四）数字孪生驱动的加工路径优化方法

1. 感知信息驱动的加工路径优化方法

加工路径的优化效果直接影响到数控机床的加工成本及加工时间。数控加工的成本主要包含固定成本与可变成本两部分，前者主要指数控机床的损耗及工件材料的消耗，后者包括加工时间、加工行程与换刀成本等。本节针对数控加工中的可变成本进行数学建模，以最小的换刀成本（次数）与最短的加工行程为优化目标，采用改进的遗传算法对数控机床加工路径进行优化。

在实际加工过程中，由于数控机床加工运行情况受加工环境、操作人员熟练程度、加工损耗等因素的影响，往往会与预期加工情况有一定的误差，因而原有最优加工路径并不能完全适用于实际情况，即并非实际最优加工路径。基于该问题，本节提出数字孪生感知数据驱动的加工路径优化方法，通过结合前述内容所构建的数字孪生机床模型，对数控机床实际加工过程进行监控和仿真。一方面，利用DTMT监控数控机床的实际加工过程，包括对数控机床加工轨迹、加工进度、刀具寿命等的监测，做到对数控机床实际加工过程的全方位远程监控。另一方面，数字孪生机床在虚拟信息空间中的仿真为数控加工提供了一个低成本的试验平台，规避了实际加工中的潜在问题，如刀具碰撞、干涉等情况，实现了对加工路径与数控代码的检验，从而降低了加工成本，提高了工件质量与机床效率。

实时感知数据通过语义模型进行语义理解与转换后传送到虚拟空间，虚拟空间中的描述模型依据实时感知数据对数控机床的加工运行状态进行监控，实现虚实空间数控机床实时联动的效果。一旦感知到数控机床加工工艺参数或数控机床相关运行参数与原先预期不相符，即机床状态发生变化时，分析路径优化算法中的约束条件（包括运动干涉约束、重复走刀约束、加工工艺约束及刀具寿命约束）是否发生变化，一旦约束条件发生改变，则须更新算法参数，重新启动优化算法，进行路径优化。

在感知信息驱动的加工路径优化中，主要通过仿真数控机床刀具运动轨迹、刀具寿命等，来避免实际加工过程中的干涉碰撞及由刀具磨损引起的换刀等情况的发生；若刀具与工件存在干涉碰撞情况，则须重新调整加工方案，通过抬高刀具以增大其与工件的距离，避免碰撞的发生；若存在数控机床刀具寿命不足以支撑其完成下一个基元加工的情况，立即重启优化算法，给出加工剩下基元的新加工方案，同时在加工完当前基元后，进行刀具更换操作，然后按照新的加工路径加工。

数字孪生驱动的加工路径优化方法的基础是数字孪生虚实共同演进的思想。当在虚拟空间中使用优化算法确定数控机床原始加工路径后，结合基元的加工工艺参数，可以得到零件的整体加工方案，虚拟空间通过语义模型将其转换成 G 代码的形式，而后传输给物理空间中实际机床的数控系统进行数控加工，物理空间中的传感网络不断采集感知数据，虚拟空间依据实时感知数据对加工运行情况进行监控与仿真，实现对不合理加工路径的预先调整，由此虚拟空间的数字化机床孪生体与物理空间的数控机床可以同时演进，进而形成了数字孪生驱动的"以实驱虚、以虚控实"的闭环数控机床加工路径优化方法。

2. 基于数字孪生的加工路径优化系统实现

基于前述加工路径优化数字孪生方法的研究，采用 MVC 设计模式对其原型系统进行详细设计，系统通过实时跟踪数控机床的加工状态，实现对其加工路径的优化，该系统主要包括感知数据和数控加工仿真功能。

（1）感知数据处理模块

以温度数据为例，其异常数据监测结果：绿色代表传感器正常，红色代表传感器异常。

（2）数控加工仿真模块

①数控机床虚实联动。虚拟数控机床通过数控面板解析 G 代码，获取机床运动参数，通过各运动轴实时坐标结合 Jena 工具解析语义本体模型，将数控机床加工数据展示在网页端。然后采用 Three.js 与 Tween.js 技术相结合的方法，实时仿真数控机床运动情况，实现虚拟 DTMT 与实际数控机床的实时联动。

②刀具轨迹仿真模块。虚拟机床的坐标系 Y 轴、Z 轴与实际机床相反，因

此在DTMT加工仿真中，G代码的Y轴移动距离代表实际机床的Z轴运动距离。

③加工路径更新模块。在实际加工过程中，后台依据感知数据不断地对运动误差与刀具寿命进行监测与预测，当数据超过其对应阈值时，加工路径优化算法会自动重启，然后对加工路径进行动态更新。

（五）数字孪生驱动的切削参数优化方法

随着全球气候变暖的加剧以及碳税和碳标签等碳政策的实施，碳排放问题已引起广泛关注，制造业必须积极应对生态环境和生产成本的双重压力。在数控加工过程中，切削参数的选择对碳排放、加工效率有着巨大影响。因此，需要借鉴传统方法，分析切削参数与生产指标的量化关系，建立一种多目标切削参数优化模型，以低碳排放、高加工效率为优化目标，以主轴速度、进给速度为决策变量，采用NSGA-II算法求解该问题以得到最佳切削参数，减少碳排放量并提高加工效率。然而，该方法的实现是基于一个理想的加工环境和条件，在实际加工过程中，由于数控机床加工运行状态受加工环境和加工设备等因素的影响，具有复杂性、动态性和随机性，会与预期的加工情况存在偏差，因而原先的切削参数并不一定完全适用于实际加工过程。基于上述问题，通过结合前述内容所构建的数字孪生机床模型，本节提出了基于感知数据的动态切削参数优化方法，对实际数控加工过程进行仿真和优化。

虚拟空间依据物理空间传来的感知数据对数控机床的加工状态进行仿真，同时根据感知数据分析其是否与预期值一致。若不满足，则须根据实际情况使用优化算法重新优化切削参数，然后将更新后的数控程序传输至物理空间中，指导实际数控加工，即"以实驱虚，以虚导实"。不断重复执行上述优化过程，直到加工结束。

在复杂零件的粗铣加工过程中，切削深度不断变化，铣削力急剧增加，严重时会导致机床颤振和刀具破损。因此，有必要在加工过程中根据物理空间中传感器实时采集的数据对进给速度进行适当调整，使得加工时的铣削力波动性降低。

三、智能小车数字孪生系统

智能装备制造业是装备制造业中唯一尚未被市场充分认识的金矿。智能装备产业是战略性新兴产业的重要组成部分，属于装备制造领域范畴，尚属比较新的概念。数字孪生技术在智能装备上的应用推广，十分切合当下的研究热点，如智能感知、CPS、工业 4.0 等。然而，目前国内针对数字孪生研究的深度大多只停留在理论与架构层面，所研究的对象也主要以车间生产线为主，缺少针对装备级别的理论研究与实践方案。因此，将先进的数字孪生技术应用于装备的智能优化控制，对于工业装备的信息化与智能化发展有很大的价值。随着汽车工业的迅速发展，关于汽车的研究也就越来越受人关注。全国电子大赛和省内电子大赛几乎每次都有智能小车这方面的题目，全国各高校也都很重视该题目的研究，可见其研究意义很大。数字孪生技术能够对物理对象的各类数据进行集成，是一个对物理对象的忠实映射；其存在于物理对象的全生命周期，并与其共同进化，不断积累相关知识；不仅能够对物理对象进行描述，而且能够基于模型优化物理对象。智能小车搭载各种传感器以感知环境信息，为小车控制决策提供基础。因环境因素和小车控制机理的复杂性，适合使用数字孪生技术为智能小车的自主优化控制提供一种有效的解决方法，即通过采用信息融合与深度学习理论与方法，对多传感器感知信息进行分析处理，从而实现对智能小车工作环境的智能感知与数字化建模；并利用多物理场仿真与基于多体动力学理论的智能小车的动力学模型与仿真相融合，构建智能小车数字孪生体；最后，在以上研究的基础上，研究智能小车的自主控制优化决策方法，从而为智能小车人机协同控制和高效决策提供有效的理论和方法。

（一）数字孪生小车控制机制

基于数字孪生技术的智能小车遵循"以实驱虚，以虚导实"的思路。通过多传感器融合感知综合环境信息，针对不同的传感器信息采用对应的信息处理方法进行处理。虚拟空间包含小车模型和环境模型，小车模型由智能小车实际物理条件和动力学性能决定，环境模型则由多传感器融合感知的综合环境信息决定。物理空间的改变实时驱动虚拟空间进行仿真，并生成新的仿真策略，仿真策略转而引导实际小车的决策。如此一来，智能小车能优化控制决策，提高工作效率。智能小车的数字孪生系统主要由四个部分组成，分别是设备层、数据处理层、仿真控制层以及实际应用层。设备层主要负责环境数据的采集，通过数据处理得到环境信息，在仿真控制层导入环境信息得到智能小车控制策略，最终在实际应用层执行。

1. 环境感知

由于工作环境复杂，需要多种不同的传感器对环境进行感知。不同传感器存在如何同步数据的问题，视觉传感器的处理速度比较慢并且容易受环境因素（天气、光照等）的影响，需要用标准的协议对数据进行同步。使用原始的传感器获取的数据也会存在噪声和缺省值，需要对原始数据进行预处理，降低噪声，得到标准数据。最后使用深度学习和图像处理的方法对数据进行处理，实现对数字环境模型的建立。

（1）使用双目视觉对路面进行三维重建

双目视觉是机器视觉的一种重要形式，它是基于视差原理并利用成像设备从不同的位置获取被测物体的两幅图像，再通过计算图像对应点之间的位置偏差来获取物体三维几何信息的方法。融合两只眼睛获得的图像并观察它们之间的差别可以获得明显的深度感，建立特征间的对应关系，将同一空间物理点在不同图像中的映像点对应起来，这种差别称作视差图。双目视觉具有效率高、精度合适、结构简单、成本低等特点。在对运动物体的测量中，由于图像获取是在瞬间完成的，因此双目视觉是一种更为有效的测量方法。使用双目摄像头采集路面图片，采集的图片是无序的，须将其全部排序，利用相机标定、特征提取等方法获取像素的深度；根据世界坐标系和相机坐标系的转换关系获得路面的点云矩阵；将含有点云信息的文件利用PCL进行转换，导入MeshLab软件对点云进行处理，计算每个点云的法向量；随后使用模型表面重构算法对点云进行处理，得到路面的三维模型。重建后的模型由于误差会存在孔洞，孔洞分为网格中的孔洞和小部件区域两种，须进一步对模型进行修补得到最终的路面三维模型。

（2）超声波传感器测距

超声波传感器可用于测量小车行驶过程中与障碍物之间的距离，为小车提供避障信息。超声波测距是超声波发射器向某一方向发射超声波，在发射的同时开始计时，超声波在空气中传播时碰到障碍物就立即返回来，超声波接收器收到反射波就立即停止计时。而超声波测距传感器采用超声波测距原理，运用精确的时差测量技术，检测传感器与目标物之间的距离。然而，超声波传感器的测量范围有限，使用单个超声波传感器会存在探测盲区，所以须使用多个超声波传感器共同为小车提供避障信息。

（3）陀螺仪加速度计测量位姿

在智能小车的控制过程中，准确而实时地获得小车的姿态信息，是决定控制精度和系统稳定性的关键。加速度计用于测量物体的线性加速度，加速度计的输出值与倾角呈非线性关系，随着倾角的增加而表现为正弦函数变化。陀螺仪用于测量角速度信号，通过对角速度积分，便能得到角度值。陀螺仪本身极易受噪声干扰，微机陀螺仪不能承受较大的震动，同时由于温度变化、不稳定力矩等因素，陀螺仪会产生漂移误差，并随着时间的推移而累积增加，通过积分误差会变得很大。除此之外，测量噪声也会对传感器的精度有所影响。所以，需要使用陀螺仪和加速度计协同测量小车的姿态信息，为缓解漂移误差和测量噪声对传感器的影响，使用卡尔曼滤波融合的方法减小姿态角度的测量误差，提高运算精度。对陀螺仪和加速度计的数据进行高速 A/D 采样后，通过卡尔曼滤波器对传感器信息进行补偿和信息融合，得到准确的姿态角度信号，进而输出到小车控制器。

（4）模型建立

构建智能小车的数字孪生体是以数字化的方式创建物理实体的虚拟模型。理想状态下，数字孪生体可以根据多重反馈源数据进行自我学习，几乎实时地在数字世界里呈现物理实体的真实状况。数字孪生的反馈源主要依赖各种传感器数据，如图 20 所示。分别利用传感器数据和工具对数字环境模型和装备模型进行搭建。

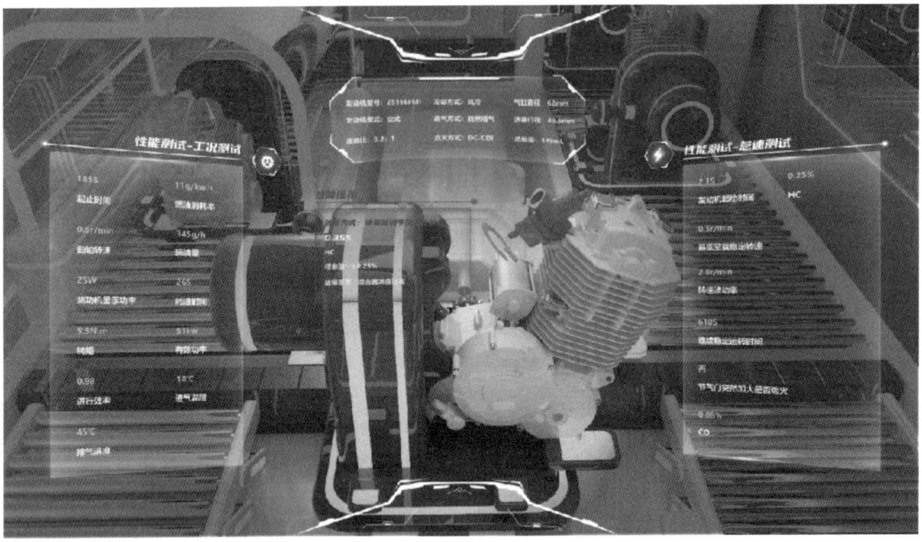

图20　数字孪生传感器

2. 基于感知数据构建智能小车工作环境的数字模型

利用多传感器获取的环境信息，通过各种图形识别技术来分析数据特征与工作环境的对应关系，建立由传感器数据到装备工作环境的识别系统。通过识别系统实现不同工作环境（水面、沙地、水泥地面）的识别，通过双目视觉及激光雷达传感器对智能车辆工作环境的各种路障、斜坡、坑洞等环境信息进行捕获。根据这些环境信息，可以精准创建车辆工作环境的数字模型。

在智能小车与虚拟模型进行信息交互的过程中，通过自动化标记语言（Automation Markup Language AML）来实现双向信息传递，自动化标记语言是一种基于XML架构的数据格式，用于支持各种工程工具之间的数据交换。通过这种通用的数据交换格式，可以方便地实现实际小车与虚拟模型之间的数据交换，以及联合仿真环境中各种软件之间的信息传递和工具交互。通过构建的智能小车数字孪生模型，以及小车的实时感知数据达到以实驱虚、以虚控实。从而实现在运行过程中，在智能小车实时感知数据的驱动下，虚拟空间通过实时的仿真分析及关联、预测得出优化的仿真策略，使智能小车能在不同的环境下更高效地工作。

（二）数字孪生驱动的智能小车路径规划方法

智能车辆作为机器人的一种，在各行各业发挥着重要的作用，它们总能代替人类执行一些高风险且耗时的任务。其中，规避实际环境中的障碍物并探索路径是智能车辆在执行作业时的一项基本任务。车辆在执行作业时，往往通过对环境的先验知识来生成路径，从而制定移动策略，但是在不确定的环境中，由于存在诸多不稳定因素（未预先检测到的障碍物或暂时无法通行路段等），初始路径规划策略可能不再适用。因此，根据前面描述的数字孪生体构建方法，本节提出了数字孪生驱动的智能车辆路径规划方法，对处于不确定环境中的实际车辆进行指导并使其抵达目标位置。

通过起始点与目标点位置为智能车辆规划出一条安全、无碰撞路径，并在虚拟仿真中验证该路径的有效性。通过生成的初始策略指导车辆移动，在此过程中物理小车实时感知周围环境并传递到虚拟空间中。若判断出实际车辆处于较危险状态（将要发生碰撞），则通过多传感器融合技术重新生成与实际环境对应的虚拟仿真环境，根据车辆当前位置及目标点位置重新规划路径，并仿真验证新路径的有效性，然后将验证有效的新策略传递到物理空间中指导实际车辆运行，从而实现"以实驱虚，以虚导实"的闭环，直到车辆安全抵达目标点。

1. 基于深度强化学习的路径规划算法

强化学习的基本思想是学习一个最优策略使智能体从环境中获取最大累积奖励。起初，智能体对环境一无所知，但是随着不断与环境交互，智能体可以进行自学，从而找到最佳策略。在不同环境中通过仅有的传感器信息进行路径规划，智能体需要不断进行自学以找到抵达目标点的路径。在这种情况下，强化学习是解决路径规划问题的一个非常合适的方法，因此，本节设计了一种基于深度强化学习的路径规划算法，通过结合深度学习与强化学习，可以有效解决强化学习中由于状态空间过大而导致的"维度灾难"。

算法通过 ε-greedy 策略来处理探索与利用之间的平衡，在每次进行动作选取时，有的可能对环境进行探索，随机选取一个动作；有的可能利用已经学习到的知识选取最优动作。算法训练时，使用两组神经网络：Behavior

Network 负责与车辆环境进行交互，得到交互样本；Target Network 负责计算目标价值，通过该目标价值与 Behavior Network 的估计值进行比较，并更新 Behavior Network。

强化学习问题一般由状态、动作、奖励等部分构成。针对该智能车辆，智能体的状态由超声波传感器观测的距离信息和目标点相对于智能体局部坐标系的距离和角度信息构成。车辆共有前进、左转和右转三组动作。

环境反馈奖励是智能车辆学习的主要来源，奖励值的设置会直接影响智能车辆在路径规划任务中的表现。当车辆碰撞到障碍物时，应给予一个较大的惩罚，而抵达目标点时，应获得一个较大的奖励。在其他情况下，若车辆靠近目标点，则会得到较小的奖励。而远离目标点则会得到一个较小的惩罚，在每次执行动作时，智能体都会得到一个奖励，以鼓励其快速抵达目标。

2. 数字孪生驱动的路径规划算法验证

由于强化学习需要成千上万次与环境进行交互、"试错"，在真实车辆上直接使用强化学习方法训练是很困难的，因此，需要在虚拟空间中对算法进行训练，训练完成后通过虚拟空间中算法来选择动作，并指导实际车辆避开障碍，抵达目标点。

在车辆移动过程中，若检测到物理空间中出现新的障碍物，虚拟空间可以更新环境生成对应的障碍物，并基于更新后的虚拟环境规划出新的有效路径。小车传感器将感知的局部信息反映到虚拟空间，结合虚拟空间的全局信息重新规划路径，最终以最短路径到达左下方目标点。这种数字孪生驱动的路径规划方法可以使小车在路径规划的过程中有效应对突发情况以进行实时的决策，通过虚实交互的方式将小车挂载的传感器感知的局部环境信息和虚拟空间的全局信息结合，保证小车能够以最优的路径到达最终目标。

参考文献

[1] 冯显英．机械制造[M]．济南：山东科学技术出版社，2013．

[2] 葛汉林．机械制造[M]．北京：中国轻工业出版社，2012．

[3] 杨国良．机械制造[M]．上海：上海科学技术出版社，1992．

[4] 柳青松，庄蕾．机械制造基础[M]．2版．北京：机械工业出版社，2023．

[5] 王先逵．机械制造工艺学[M]．北京：机械工业出版社，2023．

[6] 王坤，葛骏，杜紫微．机械制造技术[M]．北京：北京理工大学出版社，2023．

[7] 马亚亚．机械制造工艺学[M]．成都：西南交通大学出版社，2023．

[8] 吴俊飞，付平，王帅．机械制造基础[M]．北京：北京理工大学出版社，2022．

[9] 李俊涛．机械制造技术[M]．北京：北京理工大学出版社，2022．

[10] 李建松，许大华．机械制造技术[M]．北京：机械工业出版社，2022．

[11] 陈爱荣，韩祥凤，李新德．机械制造技术[M]．3版．北京：北京理工大学出版社，2022．

[12] 杜素梅．机械制造基础[M]．北京：机械工业出版社，2022．

[13] 黄开有，张烑，肖志信．机械制造实训[M]．西安：西北工业大学出版社，2022．

[14] 林江．机械制造基础[M]．2版．北京：机械工业出版社，2022．

[15] 陈建东，任海彬，毕伟．机械制造技术基础[M]．长春：吉林科学技术出版社，2022．

[16] 马瑞，张宏力，卢丽俊．机械制造与技术应用[M]．长春：吉林科学技术出版社，2022．

［17］陈朴．机械制造技术基础［M］．3版．重庆：重庆大学出版社，2023．

［18］夏重．机械制造工程实训［M］．北京：机械工业出版社，2021．

［19］喻洪平．机械制造技术基础［M］．重庆：重庆大学出版社，2021．

［20］赵建中，冯清．机械制造基础［M］．4版．北京：北京理工大学出版社，2021．

［21］刘俊义．机械制造工程训练［M］．南京：东南大学出版社，2021．

［22］连潇，曹巨华，李素斌．机械制造与机电工程［M］．汕头：汕头大学出版社，2021．

［23］林江作．机械制造基础［M］．2版．北京：机械工业出版社，2021．

［24］张维合．机械制造技术基础［M］．北京：北京理工大学出版社，2021．

［25］吴拓．机械制造工程［M］．4版．北京：机械工业出版社，2021．

［26］金晓华．机械制造技术基础［M］．北京：机械工业出版社，2021．

［27］李春芳，相黎阳．机械制造与自动化应用探析［M］．长春：吉林科学技术出版社，2024．

［28］马晋芳，乔宁宁．金属材料与机械制造工艺［M］．长春：吉林科学技术出版社，2022．

［29］袁军堂．机械制造技术基础［M］．北京：机械工业出版社，2023．

［30］周梅，陈清奎，赵文波．机械制造工艺［M］．成都：电子科学技术大学出版社，2020．